Lagerverwaltung mit SAP S/4HANA® Stock Room Management (StRM)

Erwin Janits

Willkommen bei Espresso Tutorials!

Unser Ziel ist es, SAP-Wissen wie einen Espresso zu servieren: Auf das Wesentliche verdichtete Informationen anstelle langatmiger Kompendien – für ein effektives Lernen an konkreten Fallbeispielen. Viele unserer Bücher enthalten zusätzlich Videos, mit denen Sie Schritt für Schritt die vermittelten Inhalte nachvollziehen können. Besuchen Sie unseren YouTube-Kanal mit einer umfangreichen Auswahl frei zugänglicher Videos: *https://www.youtube.com/user/EspressoTutorials*.

Kennen Sie schon unser Forum? Hier erhalten Sie stets aktuelle Informationen zu Entwicklungen der SAP-Software, Hilfe zu Ihren Fragen und die Gelegenheit, mit anderen Anwendern zu diskutieren:

http://www.fico-forum.de.

Eine Auswahl weiterer Bücher von Espresso Tutorials:

- Robin Schneider:
  Praxishandbuch SAP®-Geschäftspartner (Business Partner) – Funktionen und Integration in SAP S/4HANA®, 2., erw. Auflage
  https://5468.espresso-tutorials.de
- Christine Kühberger:
  Materialwirtschaft (MM) in SAP S/4HANA® – Deltafunktionen und Customizing *http://5556.espresso-tutorials.de*
- Ilka Dischinger:
  Lohnbearbeitung mit SAP S/4HANA® – Einkaufs- und Produktionsprozess *http://5649.espresso-tutorials.de*
- Ingo Licha:
  Rechnungsprüfung mit SAP ERP (MM), 2. Auflage
  http://5921.espresso-tutorials.com
- Ingo Licha:
  Bestandsführung und Kontenfindung in SAP® ERP MM, 2. Auflage
  https://es-tu.de/WVx8RG
- Ingo Licha:
  Einkaufsorientierte Bedarfsplanung mit SAP®, 2. Auflage
  https://es-tu.de/8YqKf5

Bibliografische Information der Deutschen Nationalbibliothek
Die Deutsche Nationalbibliothek verzeichnet diese Publikation in der Deutschen Nationalbibliografie; detaillierte bibliografische Daten sind im Internet über https://portal.dnb.de abrufbar.

Erwin Janits
Lagerverwaltung mit SAP S/4HANA® Stock Room Management (StRM)

ISBN: 978-3-960121-70-1

Lektorat: Bernhard Edlmann

Coverdesign: Philip Esch

Coverfoto: istockphoto # 518003142 © tunart

Satz & Layout: Johann-Christian Hanke

1. Auflage 2023

URL: *www.espresso-tutorials.de*

Feedback:
Wir freuen uns über Fragen und Anmerkungen jeglicher Art. Bitte senden Sie diese an: *info@espresso-tutorials.com*.

Inhaltsverzeichnis

Vorwort **7**

1 Einleitung **11**

2 Lagerraumverwaltung mit S/4HANA StRM **17**

2.1 Grundlagen der Lagerraumverwaltung 18
2.2 Eingangsprozesse 32
2.3 Ausgangsprozesse 52
2.4 Interne Prozesse 73
2.5 Inventurabläufe 99
2.6 Belege und Auswertungen 114
2.7 Mobile Datenerfassung 121

3 StRM im Vergleich mit WM und EWM **127**

3.1 StRM – Einschränkungen gegenüber WM 127
3.2 Compliance Check StRM 133
3.3 StRM im Vergleich mit EWM 136

4 StRM und Lean-WM **139**

5 Migration SAP ERP auf S/4HANA **141**

5.1 Unicode 141
5.2 Altsystem aufräumen 142
5.3 SAP ERP 6.0 142
5.4 EHP 7 143
5.5 Datenbankmigration 143
5.6 SAP S/4HANA-Innovationen 147
5.7 Gründung des »digitalen Kerns« 148

6 Migration von S/4HANA StRM auf EWM **149**

6.1 Greenfield-Methode 149
6.2 Migrationstools 150

7 Fiori – Beispiele **153**

7.1 Anlieferung anlegen 153

7.2 Anlieferung ändern 156

7.3 Wareneingang für Anlieferung buchen 158

7.4 Auslieferung verwalten 158

7.5 Anzeigen Materialbeleg 161

7.6 Übersicht Materialbelege 162

7.7 Batch Information Cockpit 165

8 Zusammenfassung **167**

A Der Autor **171**

B Index **172**

C Disclaimer **177**

Vorwort

Die Standard-ERP-Software (Enterprise-Resource-Planning) der SAP ist vor allem bei Unternehmen, die über Ländergrenzen hinweg agieren, nicht mehr wegzudenken. Das betrifft wichtige Geschäftsabläufe im Finanzwesen, der Materialwirtschaft, dem Vertrieb, der Produktion und viele mehr. Die SAP hat diese Bereiche in Module, wie MM »Materials Management«, und Submodule, wie LE »Logistics Execution«, eingeteilt. Sämtliche dieser Module unterliegen einem stetigen Anpassungsprozess, um den neu aufkommenden Technologien und Anforderungen gerecht zu werden.

In diesem Tutorial möchte ich Ihnen die Lagerverwaltung vorstellen, bei der die SAP gerade einen tiefgreifenden Anpassungsprozess über mehrere Jahre hinweg vornimmt. Die umfassenden Beschreibungen können Sie ebenso als Einsteiger, Berufspraktiker, Studierender wie als Entscheidungsträger nützen. Theorie und praktische Abläufe im Lagerwesen werden erläutert und anhand von Beispielen im SAP-System gezeigt. Wenn Sie die technischen Abbildungen besser verstehen wollen und noch keine Grundkenntnisse in der Anwendung von SAP haben, empfehle ich einen SAP-Navigationskurs, z. B. einen Schnelleinstieg in SAP von Espresso Tutorials.

Wenn Sie bereits mit SAP ERP WM Erfahrungen gesammelt haben, ist das Buch eine ideale Ergänzung, um den Fortgang der Lagerwirtschaft im neuen S/4HANA im kompakten Format kennenzulernen. In diesem Fall können Sie die allgemeine Beschreibung im Kapitel 2 schnell durchblättern oder auch Ihr Wissen auffrischen.

Zu Beginn führt Sie die SAP-Roadmap durch die Jahre der Änderungen, eine übersichtliche Grafik erleichtert das Verständnis, und die begleitende Beschreibung schafft Klarheit.

In der Folge erhalten Sie Anregungen, wie Sie sich mit diesem Wissen in Ihrem Unternehmen einbringen können. Zuerst vermittle ich Ihnen einen Überblick über das grundlegende Lagerverwaltungssystem von SAP: das traditionelle SAP ERP WM und das neue S/4HANA Stock Room Management (StRM). Sie lernen alle Funktionalitäten kennen, die 1:1 in das neue StRM übernommen wurden.

Anschließend stelle ich Ihnen die Funktionalitäten vor, die Sie im StRM standardmäßig **nicht** mehr vorfinden. Das scheinbar »historische« Thema kann durchaus von großem Interesse sein: Vielleicht ist gerade einer der beschriebenen Prozessabläufe in Ihrem Unternehmen wichtig, und Sie müssen dafür alternative Möglichkeiten finden. Das Buch bringt Ihnen für solche Themen ein Grundverständnis, sodass Sie leichter und schneller Lösungsansätze finden.

Neben der Beschreibung der Funktionalitäten ist ein wichtiger Aspekt, wie die SAP das Thema Warehouse-Management-System in die S/4HANA-Systemlandschaft eingliedern bzw. zukünftig weiterentwickeln will. Zu diesem Thema gehören auch Migrationen von Altsystemen ins neue S/4HANA. Dazu finden Sie gängige Methoden, wie solche Projekte durchgeführt werden können.

Im letzten Teil zeige ich Ihnen Beispiele für die neue grafische Benutzeroberfläche im S/4HANA, die sog. Fiori-Apps. Auch wenn Sie solche smarten Bildschirme im StRM selbst nicht vorfinden, im Rahmen von integrierten Prozessen werden Sie mit ziemlicher Sicherheit damit konfrontiert sein.

Am Ende sollten Sie Klarheit über die Thematik haben und leichter an konkrete Lösungsansätze herangehen können.

Danksagung

Gerne möchte ich mich bei Herrn Munzel von Espresso Tutorials bedanken. Er gab mir mit dem Thema, das ich hier behandle, genau die Herausforderung, die ich am Übergang in mein Pensionsleben brauchte.

Einen herzlichen Dank möchte ich auch an meine begleitende Lektorin, Frau Achilles, richten, sowie an Herrn Edlmann, der als Lektor meinem Buch den letzten Schliff verpasste.

Dank auch dem gesamten Team von ET, die bereitwillig alle technischen Probleme umgehend lösten.

Zu guter Letzt danke ich meiner Familie, die mir bei den vielen Stunden Arbeit den nötigen Rückhalt gab, und besonders meinem Sohn Michael Janits (SAP-Beratung, Autor) – er bringt die idealen Voraussetzungen für den Peer-Review mit.

In den Text sind Kästen eingefügt, um wichtige Informationen besonders hervorzuheben. Jeder Kasten ist zusätzlich mit einem Piktogramm versehen, das diesen genauer klassifiziert:

Hinweis

Hinweise bieten praktische Tipps zum Umgang mit dem jeweiligen Thema.

Beispiel

Beispiele dienen dazu, ein Thema besser zu illustrieren.

! Achtung

Warnungen weisen auf mögliche Fehlerquellen oder Stolpersteine im Zusammenhang mit einem Thema hin.

Die Form der Anrede

Um den Lesefluss nicht zu beeinträchtigen, verwenden wir im vorliegenden Buch bei personenbezogenen Substantiven und Pronomen zwar nur die gewohnte männliche Sprachform, meinen aber gleichermaßen Personen weiblichen und diversen Geschlechts.

Hinweis zum Urheberrecht

Sämtliche in diesem Buch abgedruckten Screenshots unterliegen dem Copyright der SAP SE. Alle Rechte an den Screenshots hält die SAP SE. Der Einfachheit halber haben wir im Rest des Buches darauf verzichtet, dies unter jedem Screenshot gesondert auszuweisen.

1 Einleitung

Das erste Kapitel gibt Ihnen einen Überblick über die Planungen der SAP zu einer einfachen Lagerverwaltung, die für weniger komplexe Geschäftsprozesse optimal ist. Dazu gehören SAP ERP WM und S/4HANA Stock Room Management. Worauf sollten Sie sich in den nächsten Jahren einstellen?

Viele Unternehmen führen eine Lagerverwaltung mit weniger komplexen Geschäftsprozessen, wie Wareneingang und -ausgang, Verwendung mobiler Geräte, Lagerbewegungen innerhalb des Werkes, Inventur, Lagerberichte und Formulardruck. *SAP ERP WM (Warehouse Management)* war für solche Kunden bis dato die geeignete Lösung und konnte bei Bedarf auch an spezielle Anforderungen angepasst werden. Die Alternative *SAP EWM (Extended Warehouse Management)* wäre für diese Zwecke zu umfangreich, wartungsintensiv und teuer gewesen.

Schon vor Jahren deutete die SAP an, den Support und die Wartung für WM auslaufen zu lassen. Das hat viele Kunden sehr beunruhigt, weshalb sie von der SAP eine Ersatzlösung forderten. Termine wurden genannt und mehrmals verschoben, aber nun steht mit der *Lagerraumverwaltung*, engl. *Stock Room Management (StRM)*, eine Lösung parat.

Support und Wartung für die Produktlinie SAP ERP (Enterprise Resource Planning) mit der SAP ERP Central Component (SAP ECC) enden 2027. Diese Entscheidung bedeutet auch das endgültige Aus von WM. Eine umfassende Erklärung der SAP vom 18.10.2022 finden Sie im Hinweis 2881788 – Ende der Mainstream Maintenance für SAP Business Suite 7.

Seit 2015 heißt das neueste ERP-System SAP S/4HANA, das seither von Release zu Release stufenweise erweitert wurde. SAP bietet seit Release 1809 (Sept. 2019) StRM als Nachfolger und Ersatz von WM an, weist aber unmissverständlich darauf hin, dass EWM (Extended Warehouse Management) in der Zielarchitektur das einzige Lagerverwaltungssystem ist, für das man Wartung und weitere Entwicklung garantiert. Für StRM sind Neuentwicklungen nicht mehr vorgesehen (SAP-Hinweis 2881166).

Betroffen von dieser neuen Zielarchitektur ist auch das Thema *SAP Fiori*. Diese neue grafische Oberfläche kann vorteilhaft auf mobilen Geräten angewendet werden und ermöglicht eine völlig neue Abwicklung von Betriebsabläufen via Handy, Tablet und PC.

Während für EWM laufend Fiori-Apps entwickelt wurden, kann im WM und StRM nur mit den klassischen SAP-GUI-Transaktionen gearbeitet werden. Lediglich bei Lagerprozessen im Zusammenhang mit *SAP MM-IM (Bestandsführung und Inventur)* stehen Fiori-Apps zur Verfügung. In Kapitel 7 wird dieses Thema detaillierter beschrieben.

Zum besseren Verständnis für die allgemeine Situation zeigt Abbildung 1.1 eine Übersicht der Release-Zeitschiene für SAP WM und StRM.

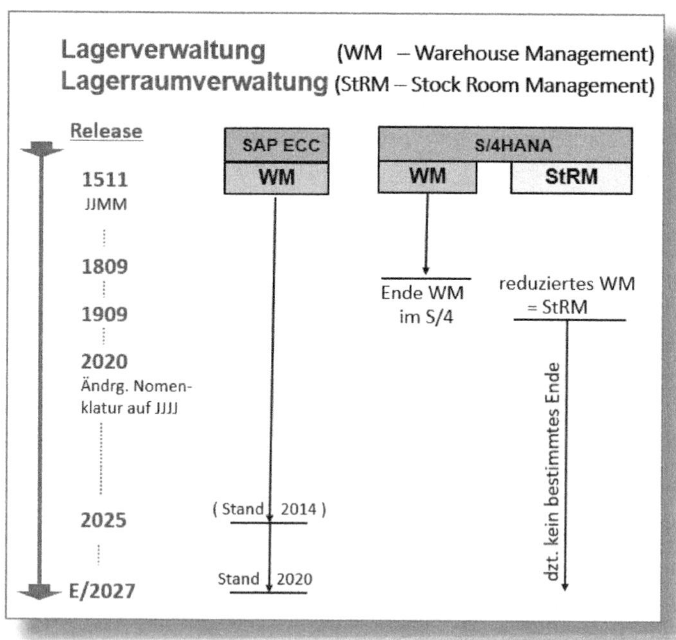

Abbildung 1.1: Release-Zeitschiene SAP WM und StRM

WM kann in SAP S/4HANA bis inklusive Release 1809 weiterhin genutzt werden. Die Funktionalitäten wurden zur Gänze aus dem SAP ECC WM übernommen. Mit Release 1909 erfolgte der Cut, dann ersetzt in S/4HANA StRM das alte WM.

Das von der SAP für die Zukunft richtungsweisende Lagerverwaltungssystem ist das *Extended Warehouse Management (EWM)*. Dieses wurde und wird in mehreren Varianten angeboten:

- Die ursprüngliche Version konnte auf einem SCM-Server, als Stand-alone-Lösung oder als Add-on installiert werden.
- Die neue S/4HANA-Version kann embedded (d. h. integriert in eine komplette Business Suite im S/4-System) oder als dezentrale Version laufen (beschrieben im SAP-Hinweis 1606493 – Best Practices zu SAP-EWM-Deployment-Optionen).

Die Unterschiede zwischen EWM und StRM können Sie in Abschnitt 3.3 nachlesen.

Allerdings wird SAP EWM von vielen Unternehmen als zu umfangreich und aufwendig betrachtet, zudem fallen dafür zusätzliche Lizenzen an. Für sie ist StRM zumindest aktuell noch die bessere Alternative, auch wenn seine Funktionalität eingeschränkt ist.

! Reduzierte Funktionalitäten im StRM

Ab S/4HANA-Release 1909 wird die Lagerraumverwaltung (StRM) anstelle der Lagerverwaltung (WM) weitergeführt. Dabei müssen unbedingt die reduzierten Funktionalitäten berücksichtigt werden!

Die folgenden Funktionen sind in StRM nicht mehr enthalten:

- Task & Resource Management (LE-TRM)
- Logistische Zusatzleistungen (LE-WM-VAS)
- Yard Management (LE-YM)
- Cross-Docking (LE-WM-CD)
- Wellenmanagement (LE-WM-TFM-CP)

- Dezentrale Lagerverwaltung (LE-WM-DWM)
- Schnittstelle Lagersteuerrechner (WM-LSR)

Detailliertere Beschreibungen zu diesen Funktionalitäten finden Sie in Abschnitt 3.1.

Ein Unternehmen mit den beschriebenen Voraussetzungen könnte die Entwicklungskette seiner Lagerverwaltung beispielsweise gemäß Abbildung 1.2 konzipieren.

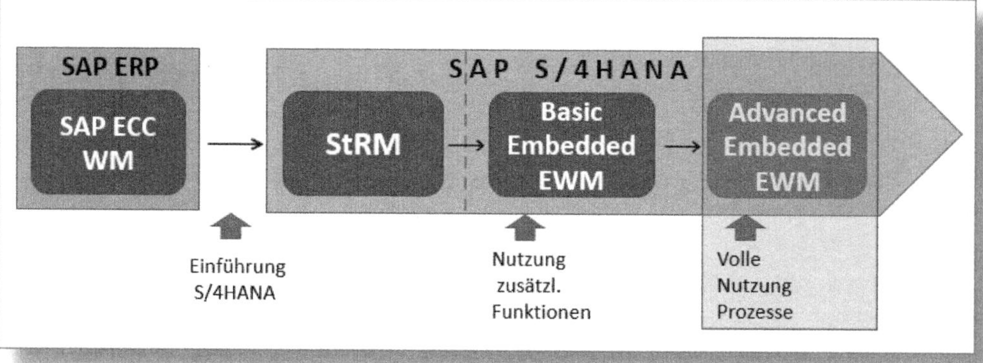

Abbildung 1.2: Beispielhafte StRM-Entwicklungskette

Die Entwicklungsstufen sind folgende:

- Das Unternehmen steigt auf S/4HANA um und migriert WM zu StRM. Das passiert mithilfe einer technischen Umsetzung, dem sogenannten *Brownfield-Ansatz* (siehe Abschnitt 5.5.1). Einstellungen und Datenstrukturen ändern sich vom Standard-ERP zum S/4HANA nur marginal. Mit einem sog. *Compliance Check* (siehe technische Beschreibung in Abschnitt 3.2) werden Abweichungen des genutzten Systems gegenüber dem SAP-Standard festgestellt und der sich daraus ergebende Extraaufwand geschätzt.
- Wenn zusätzliche Funktionen benötigt werden oder das Ende der Wartung für StRM nahen sollte, ist eine Migration auf das

Basic Embedded EWM erforderlich. Dabei könnten die Prozesse (Geschäftsabläufe) zwar gleich bleiben, müssen aber neu aufgesetzt werden, was ein eigenes Projekt erforderlich macht. Alternativ stellt die SAP Hilfen (Tools) zur Verfügung, die die Konfiguration und sämtliche Stammdaten ins EWM übernehmen.

- Wenn die Basisfunktionalität von EWM nicht mehr ausreichend ist, wird auf *Advanced Embedded EWM*, das ist die erweiterte Basisversion, umgestellt. Auch dieser Schritt erfordert Prozessanpassungen und ist somit keine reine Migration. Die Aufwände sind hier am höchsten, da neue Prozesse aufgesetzt werden, was einen vollen Projektzyklus (Analyse, Definition, Planung, Umsetzung und Abschluss) erfordert.

Migrationen sind in der Regel ein großes Thema, detailliertere Ansätze werden in den Kapiteln 5 und 6 erläutert.

2 Lagerraumverwaltung mit S/4HANA StRM

In diesem Kapitel finden Sie die Grundlagen, Organisationsstrukturen, Stammdaten und Funktionalitäten der wichtigsten Prozesse beschrieben, die aus SAP ERP WM in S/4HANA StRM übernommen wurden.

Folgende Prozesse/Funktionalitäten werden auch von StRM abgedeckt:

- Lagerverwaltung auf Lagerplatzebene
- hohe Bestandstransparenz
- Datenfunkanbindung (RF-Geräte)
- Umlagerungsstrategien
- Kapazitätsplanung im Lager
- Nachschubverwaltung
- Ladeeinheiten-/Lagereinheitenverwaltung
- Cycle Counting auf Lagerplatzebene
- Inventurzählung, basierend auf Paletten
- detailliertes Berichtswesen

☛ WM, StRM und Logistics Execution

Aus systemtechnischer Sicht sind WM und StRM in das SAP-Modul *Logistics Execution (LE)* eingegliedert. Es wird Ihnen besonders bei den Pfaden für die Einstellungen auffallen.

Logistics Execution (LE) wurde zu einem eigenen Modul, nachdem SAP die Lagerprozesse der *Materialwirtschaft (MM)* und die Versand- und Transportprozesse von *Sales & Distributions (SD)* in einem eigenen Bereich zusammengefasst hat.

2.1 Grundlagen der Lagerraumverwaltung

2.1.1 Organisationsstruktur

In einem *Lagerverwaltungssystem (LVS)* werden für ein Werk die einzelnen Lager (Beispiele: Regallager, Blocklager, Kommissionierlager usw.) als *Lagertypen* definiert und unter einer *Lagernummer* zusammengefasst. Die Lagernummer wird im LVS einem *Lagerort* zugeordnet, und dieser unterliegt in der Bestandsführung (Inventory Management, MM-IM) dem Werk. Somit gilt in der Regel für Werk, Lagerort und Lagernummer eine 1:1-Beziehung (siehe Abbildung 2.1).

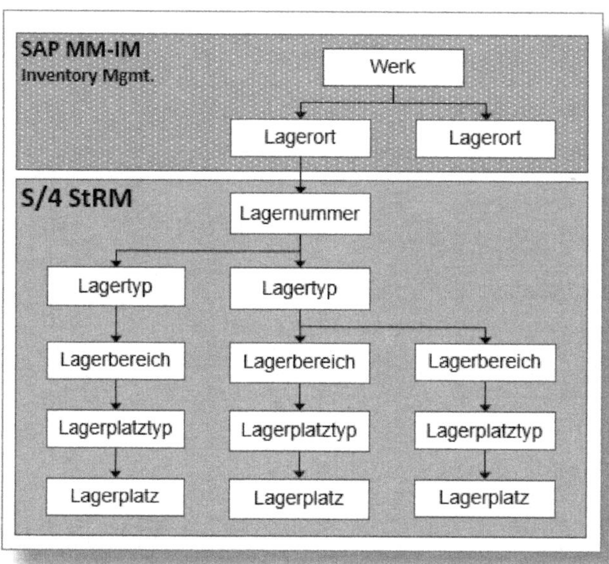

Abbildung 2.1: Organisationsstruktur S/4HANA StRM

Vom Lagerort (MM-IM) ist der *Lagerplatz* (StRM) zu unterscheiden:

- Lagerorte sind keine physischen Räume und dienen lediglich zur Unterscheidung von Beständen in einem Werk (Beispiele: Materiallager, Fertigwarenlager, Hilfsmittellager, Gefahrstoffe usw.).

- Lagerplätze beschreiben dagegen einen definierten Platz, an dem das Material physisch gelagert wird (Beispiele: im Hochregal, 3. Gang, 4. Regal, 5. Ebene – oder in der Produktion bei Maschine XY).

Im StRM werden für jeden Lagertyp Lagerplätze definiert und so die Materialbestände im Lager auf Lagerplatzebene geführt. Die Bestandsführung (MM-IM) verwaltet all diese Bestandsmengen des Materials parallel auf Lagerortebene. Deshalb ist der Lagerort in MM-IM mit der Lagernummer im StRM verknüpft, so kann das System lagerortrelevante Bewegungen automatisch in MM-IM mitbuchen.

Von dieser 1:1-Verknüpfung sind Abweichungen möglich:

- Es kann sinnvoll sein, für ein Werk einen weiteren Lagerort zu definieren, z. B. bei *Lean-WM.* Hier sind keine physischen Lagerplätze in Verwendung, doch können in den Ein- und Ausgangsprozessen Funktionalitäten und zugehörige Formulare genutzt werden.
- In einem anderen Fall lassen sich **mit einer Lagernummer mehrere Lagerorte** ein und desselben Werkes verwalten – etwa wenn ein Lager nicht am Hauptort (Werk) liegt, sondern ein paar Hundert Meter entfernt günstige Lagerflächen zur Verfügung stehen, sodass Transporte über öffentliche Straßen abgewickelt werden müssen. Szenarien für eine solche Struktur erfordern spezielle Bewegungsarten, die mittels *»Transportbedarf« (TB)*, *»Transportauftrag« (TA)* und Umbuchung abgewickelt werden.
- Häufig werden auch **Bestände mehrerer Werke in einem Lager** verwaltet. In dem Fall sind diese Werke mit dem jeweiligen Lagerort derselben Lagernummer zugeordnet. So kann bei Bedarf ein Werk vom anderen Bestände übernehmen. Dieser Prozessschritt heißt »Umbuchung Werk an Werk«, wird im MM-IM angestoßen und in weiterer Folge mit einer Umbuchungsanweisung im StRM abgeschlossen.

Lagernummer

Die Lagernummer ist im StRM das oberste Strukturelement und stellt einen Lagerkomplex dar, der aus einem oder mehreren Lagergebäuden, Silos oder sonstigen Bereichen bestehen kann.

Unter der Lagernummer werden physische und organisatorische Merkmale abgebildet:

- Gewichts- und Volumeneinheiten
- Standardmaßeinheiten (UoM)
- Benachrichtigungen und Nachrichten
- Schnittstellen zwischen Lagerverwaltung und der Produktion oder externe Schnittstellen

Lagernummer und geografischer Zusammenhang der Lager

Versuchen Sie einen Lagerkomplex immer innerhalb eines zusammenhängenden geografischen Bereichs einzurichten. Sollten beispielsweise Ihre Lagereinrichtungen physisch weit auseinanderliegen, etwa in verschiedenen Städten, so ist es sinnvoll, jeweils eine eigene Lagernummer anzulegen.

Eine neue Lagernummer definieren Sie im Customizing-Pfad SPRO • UNTERNEHMENSSTRUKTUR • DEFINITION • LOGISTICS EXECUTION • LAGERNUMMER DEFINIEREN (siehe Abbildung 2.2).

Bei diesem Beispiel kopieren Sie die Lagernummer (LNR) *ET1 EWM Warehouse for S4 Hana* und erstellen sie neu als LNR *ET0 WM Warehouse for S4 Hana*. Das war schon alles!

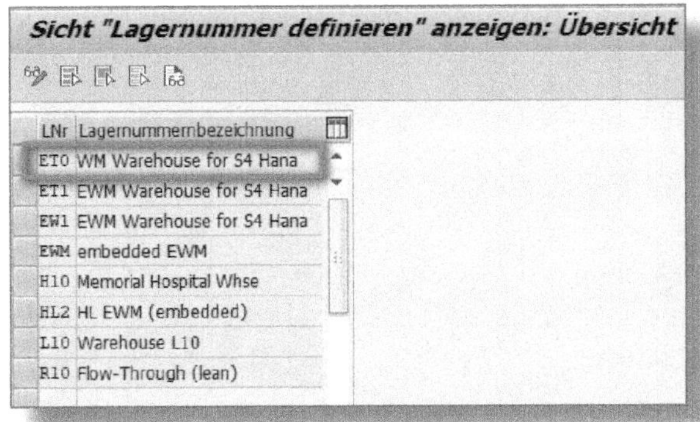

Sicht "Lagernummer definieren" anzeigen: Übersicht

LNr	Lagernummernbezeichnung
ET0	WM Warehouse for S4 Hana
ET1	EWM Warehouse for S4 Hana
EW1	EWM Warehouse for S4 Hana
EWM	embedded EWM
H10	Memorial Hospital Whse
HL2	HL EWM (embedded)
L10	Warehouse L10
R10	Flow-Through (lean)

Abbildung 2.2: Lagernummer definieren

Lagerzuordnungen

Jetzt ordnen Sie die angelegte Lagernummer einem WERK und einem Lagerort (LORT) zu. Das erfolgt über den Customizing-Pfad SPRO • UNTERNEHMENSSTRUKTUR • ZUORDNUNG • LOGISTICS EXECUTION • LAGERNUMMER ZU WERK UND LAGERORT ZUORDNEN (siehe Abbildung 2.3).

Sicht "Lagerort MM-IM <-> Lagernummer LE-WM" anzeigen: Übersicht

Werk	LOrt	LNr	Lagernummernbezeichnung
ET01	AFS	ET1	EWM Warehouse for S4 Hana
ET01	CD	ET1	EWM Warehouse for S4 Hana
ET01	PRD	ET1	EWM Warehouse for S4 Hana
ET01	ROD	ET1	EWM Warehouse for S4 Hana
ET11	0100	ET0	WM Warehouse for S4 Hana
H10	H10W	H10	Memorial Hospital Whse
HL02	A001	HL2	HL EWM (embedded)
HL02	R001	HL2	HL EWM (embedded)
R101	R10E	R10	Flow-Through (lean)
R102	R10E	R10	Flow-Through (lean)
REF1	R10E	R10	Flow-Through (lean)

Abbildung 2.3: Zuordnen Lagernummer zu Werk/Lagerort

Sie ordnen der neu angelegten LNR *ET0 WM Warehouse for S4 Hana* das WERK *ET11* mit dem Lagerort LORT *0100* zu (Werke werden i. d. R. vorher von Integrationsteams bestimmt und angelegt).

Lagertyp

Für eine Lagernummer definieren Sie Lagertypen. Das sind Lagerflächen, Lagereinrichtungen oder Lagerzonen. Diese bestehen aus einem oder mehreren Lagerplätzen.

Im StRM können Sie *physische Lagertypen* definieren. Gängige Beispiele sind:

- Blocklager
- Freilager
- Regallager
- Hochregallager
- Kommissionierlager

Darüber hinaus gibt es noch *Schnittstellenlagertypen*. Sie werden vom StRM und MM-IM (Bestandsführung) gemeinsam genutzt:

- Wareneingangszone
- Warenausgangszone
- Umbuchungszone
- Differenzenschnittstelle

Die Einstellungen für den jeweiligen Lagertyp nehmen Sie im Customizing-Pfad SPRO • LOGISTICS EXECUTION • LAGERVERWALTUNG • STAMMDATEN • LAGERTYP DEFINIEREN vor (siehe Abbildung 2.4).

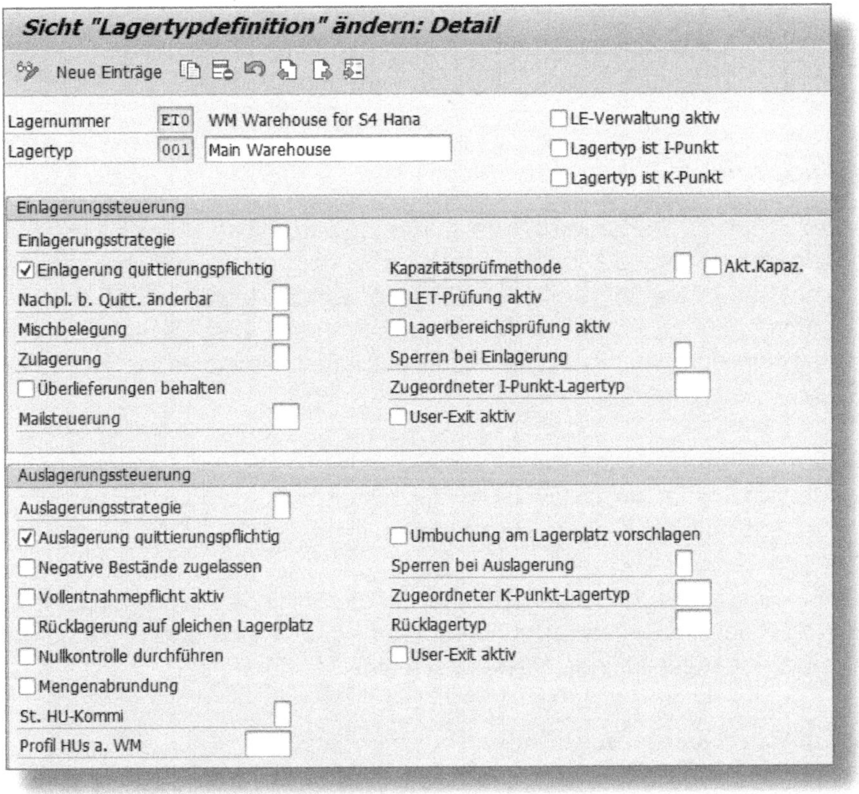

Sicht "Lagertypdefinition" ändern: Detail

Neue Einträge

Lagernummer EI0 WM Warehouse for S4 Hana
Lagertyp 001 Main Warehouse
LE-Verwaltung aktiv
Lagertyp ist I-Punkt
Lagertyp ist K-Punkt

Einlagerungssteuerung

Einlagerungsstrategie
☑ Einlagerung quittierungspflichtig
Nachpl. b. Quitt. änderbar
Mischbelegung
Zulagerung
Überlieferungen behalten
Mailsteuerung
Kapazitätsprüfmethode
Akt.Kapaz.
LET-Prüfung aktiv
Lagerbereichsprüfung aktiv
Sperren bei Einlagerung
Zugeordneter I-Punkt-Lagertyp
User-Exit aktiv

Auslagerungssteuerung

Auslagerungsstrategie
☑ Auslagerung quittierungspflichtig
Negative Bestände zugelassen
Vollentnahmepflicht aktiv
Rücklagerung auf gleichen Lagerplatz
Nullkontrolle durchführen
Mengenabrundung
St. HU-Kommi
Profil HUs a. WM
Umbuchung am Lagerplatz vorschlagen
Sperren bei Auslagerung
Zugeordneter K-Punkt-Lagertyp
Rücklagertyp
User-Exit aktiv

Abbildung 2.4: Lagertyp definieren

SAP stellt gängige Lagertypen vorkonfiguriert zur Verfügung. Für die verschiedensten Anforderungen eines Unternehmens können Sie Lagertypen kopieren und mit den zusätzlichen Ausprägungen versehen. In der Abbildung 2.4 zeige ich Ihnen den Lagertyp *Main Warehouse*. Für die Quittierungspflicht ist in der Ein- und Auslagerungssteuerung jeweils ein Haken gesetzt.

Einige der zahlreichen Einstellungsmöglichkeiten, die bei der Lagertypdefinition möglich sind, und die damit zusammenhängenden Details lernen Sie in den Kapiteln 2.2 und 2.3 kennen.

Lagerbereich

Im StRM ist der Lagerbereich die organisatorische Unterteilung des Lagertyps. Sie nutzen ihn dazu, um Material mit ähnlichen Eigenschaften – das somit ähnliche *Einlagerungsstrategien* erfordert – zusammenzufassen. So werden Sie z. B. Schnelldreher, Langsamdreher, schwere oder sperrige Teile jeweils dem gleichen Lagerbereich zuordnen.

Aber auch wenn Sie die Organisationseinheit »Lagerbereich« nicht strategisch nutzen, müssen Sie aus systemtechnischen Gründen mindestens einen Lagerbereich definieren.

Die Einstellung für Lagerbereiche definieren finden Sie im Customizing-Pfad SPRO • LOGISTICS EXECUTION • LAGERVERWALTUNG • STAMMDATEN • LAGERBEREICHE DEFINIEREN (siehe Abbildung 2.5).

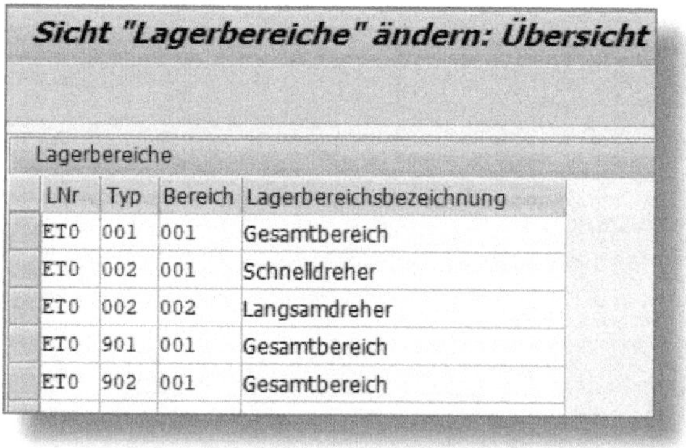

Sicht "Lagerbereiche" ändern: Übersicht

Lagerbereiche

LNr	Typ	Bereich	Lagerbereichsbezeichnung
ETO	001	001	Gesamtbereich
ETO	002	001	Schnelldreher
ETO	002	002	Langsamdreher
ETO	901	001	Gesamtbereich
ETO	902	001	Gesamtbereich

Abbildung 2.5: Lagerbereiche definieren

Für den (Lager-)TYP *001* ist nur ein BEREICH *001* zugewiesen. Der Lagertyp *002* bekam für SCHNELLDREHER den Bereich *001* und für LANGSAMDREHER den Bereich *002* zugewiesen. Diese Bereiche helfen dabei, z. B. bei der Auslagerungsstrategie Entnahmeprioritäten zu setzen.

Kommissionierbereich

Diesen Bereich verwenden Sie im Zusammenhang mit *Auslagerungsstrategien*. Er ist mit dem Lagerbereich für die Einlagerung zu vergleichen. Mit dem *Kommissionierbereich* können Sie Lieferungen entsprechend den Anforderungen des Kundendienstes in Kommissionierlisten bündeln. Diese Aktivitäten werden nicht im Lager verwaltet, sondern auf SD-(Sales & Distribution-)Ebene. Ein wesentlicher Grund dafür sind organisatorische Interessen: Der Kundendienst möchte i. d. R. sehr genau steuern, was wann und wie bereitgestellt wird.

Lagerplatztyp

Für *Einlagerungsstrategien* (siehe Abschnitt 2.2.6) ist die *Lagerplatztypfindung* im Einsatz. Diese wird benötigt, wenn Sie Waren auf Paletten oder in Behältnissen unterschiedlicher Größe den dafür vorgesehenen Lagerplätzen zuordnen müssen.

Die Einstellung für die Definition von *Lagerplatztypen* finden Sie im Customizing-Pfad SPRO • LOGISTICS EXECUTION • LAGERVERWALTUNG • STAMMDATEN • LAGERPLÄTZE • LAGERPLATZTYPEN DEFINIEREN (siehe Abbildung 2.6).

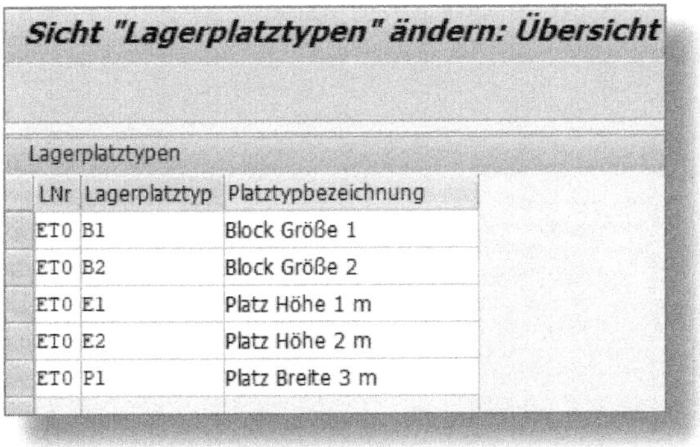

Sicht "Lagerplatztypen" ändern: Übersicht

Lagerplatztypen

LNr	Lagerplatztyp	Platztypbezeichnung
ET0	B1	Block Größe 1
ET0	B2	Block Größe 2
ET0	E1	Platz Höhe 1 m
ET0	E2	Platz Höhe 2 m
ET0	P1	Platz Breite 3 m

Abbildung 2.6: Lagerplatztypen definieren

Bei der Ein- und Auslagerstrategie können Sie mit Bezug zum Lagertyp diese Lagerplatztypen zuweisen und erreichen damit, dass die Lagerplätze gezielt nach Größe, Höhe und Breite angesteuert werden.

2.1.2 Stammdaten

Stammdaten haben im SAP-Umfeld eine wichtige Aufgabe bei Automatisierungen. Es gibt keinen Ablauf, bei dem Sie als Anwender nicht von richtig gepflegten Stammdaten profitieren. Wo solche vorhanden sind, suchen die Anwendungen automatisch nach den erforderlichen Daten und ziehen sie in die dafür vorgesehenen Felder. Im Fall von fehlenden oder falschen Stammdaten dagegen werden Sie als Anwender zur manuellen Eingabe aufgefordert.

Für die Lagerverwaltung müssen Sie folgende Stammdaten pflegen:

- Lagerplätze
- Schnittstellenlagerplätze
- WM-bezogene Materialstämme

Die Lagerraumverwaltung mittels StRM verwendet dieselben Stammdaten wie SAP ERP WM. Tabellen behalten die gewohnte Struktur, ebenso existieren weiterhin die Materialstamm-Sichten LAGERVERWALTUNG 1, LAGERVERWALTUNG 2 und LAGERPLÄTZE.

Für die Lagerraumverwaltung ist keine neue Konfiguration erforderlich, diese können Sie von SAP ERP WM übernehmen, z. B. die Organisationsstruktur, die Ein- und Auslagerungsstrategien usw.

Lagerplatz

Ein Lagerplatz ist die kleinste verfügbare Einheit in der Lagerraumverwaltung und bezeichnet die genaue Stelle im Lager, an der eine Ware gelagert werden kann. Die Anlage von Lagerplätzen finden Sie im SAP-Menübaum wie folgt: SAP MENÜ • LOGISTIK • LOGISTICS EXECUTION • STAMMDATEN • LAGER • LAGERPLATZ • ANLEGEN (siehe Abbildung 2.7).

Häufig wird der Standort von einem Koordinatensystem abgeleitet. Beispielsweise könnte ein LAGERPLATZ in Gang 11, Säule 1 und Ebene 1 mit den Koordinaten *11-01-01* dargestellt werden.

Sie können zusätzliche Eigenschaften für den Lagerplatz festlegen, etwa:

- LAGERPLATZTYP (z. B. für verschiedene Arten von Paletten)
- MAX. GEWICHT
- GESAMTKAPAZITÄT

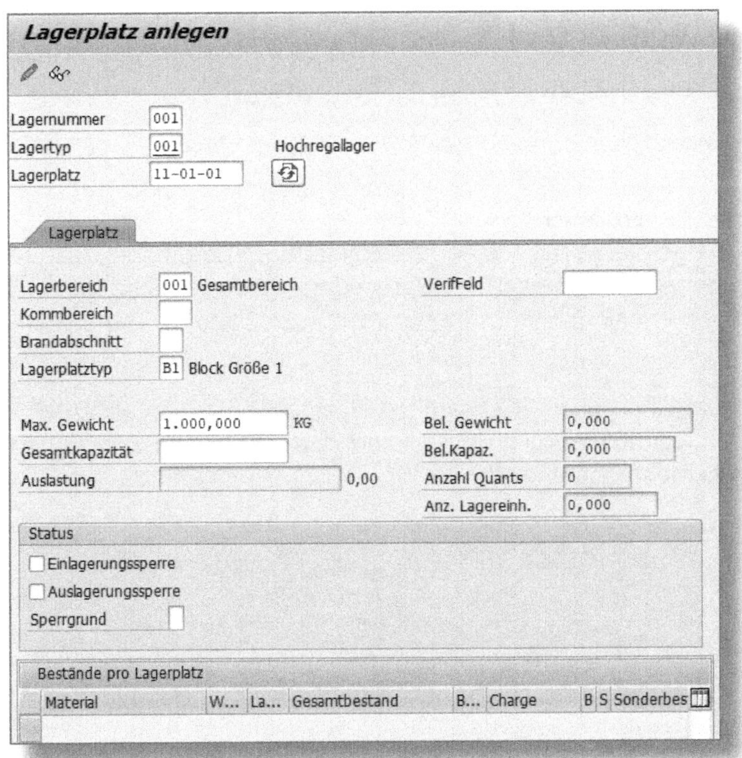

Abbildung 2.7: Lagerplatz anlegen

Neben den regulären Lagerplätzen können Sie auch Zwischenlagerplätze anlegen, sog. *Schnittstellenlagerplätze*.

Schnittstellenlagerplätze

Diese Lagerplätze schließen die Lücke zwischen MM-IM und dem LVS. Dabei geht es um die Konsistenz der Bestandsbilanzen zwischen der Lagerverwaltung und der Bestandsführung. Für jede Buchung im MM-IM wird der entsprechende Bestand auf den Schnittstellenlagerplatz gebucht, der dann durch die folgende Buchung eines Transportauftrages auf dem regulären Lagerplatz landet.

Betrachten wir zwei Arten von Schnittstellenlagerplätzen: solche mit

- *vordefinierten Koordinaten* und solche mit
- *dynamischen Koordinaten*.

Vordefinierte Koordinaten:
Das sind Lagerplätze mit festen (vordefinierten) Koordinaten, die Sie für bestimmte Bewegungsarten (Wareneingang, Warenausgang usw.) im StRM vorher anlegen müssen. Verwenden Sie dazu die Transaktion *LX20*.

In Abbildung 2.8 sehen Sie Schnittstellenlagerplätze (sie sind vom fiktiven Modellunternehmen IDES kopiert, dessen Daten die SAP ihren Kunden als Muster bereitstellt).

Anlegen Lagerplätze zu Schnittstellen

Anlegen Plätze

Lagerplätze zu Schnittstellen

Lagernr.	Lagertyp	Lagerplatz	Bemerkung
001	901	WE-ZONE	VORHANDEN
001	902	WE-ZONE	VORHANDEN
001	910	WA-ZONE	VORHANDEN
001	917	QUALITAET	VORHANDEN
001	920	UML-ZONE	VORHANDEN
001	921	UML-ZONE	VORHANDEN
001	922	U-ZONE	VORHANDEN
001	925	PACK	VORHANDEN
001	980	DUMMY	VORHANDEN
001	998	AUFNAHME	VORHANDEN
001	999	DIEBSTAHL	VORHANDEN
001	999	SCHROTT	VORHANDEN

Abbildung 2.8: Schnittstellenlagerplätze

Die LAGERTYPEN sind konform mit den Bewegungsarten. Mit ihrer Hilfe lässt sich unterscheiden, welche Aktivität jeweils durchgeführt wird. In Abbildung 2.8 sehen Sie in den ersten zwei Zeilen die Lagertypen 901 und 902, die für verschiedene Wareneingänge vorgesehen sind, z. B. für »extern angeliefert« oder »aus eigener Produktion«.

Für vordefinierte Koordinaten sehen Sie nur die Gesamtmenge des Materials auf dem Schnittstellenlagertyp.

Dynamische Koordinaten:

Dieser Lagerplatz existiert nur solange eine Bestandsmenge eingelagert ist, und wird nach Entnahme gleich wieder gelöscht. Der temporäre Lagerplatzname wird automatisch durch einen Referenzbeleg erzeugt, z. B. eine Bestellnummer für einen Wareneingang oder eine Auslieferungsnummer für eine Auslieferung.

Materialstammdaten WM-bezogen

Der Materialstamm ist ein wesentlicher Bestandteil eines jeden SAP-Geschäftsprozesses. Richtig und vollständig gepflegte Stammdaten sind in SAP der sicherste Weg zum Erfolg!

Für ein StRM-geführtes Material müssen Sie zusätzlich zu den Basisdaten und den jeweiligen Modulsichten (Einkauf, Verkauf, Buchhaltung usw.) die beiden StRM-Sichten pflegen:

- LAGERVERWALTUNG 1 und
- LAGERVERWALTUNG 2

Lagerverwaltung 1: Diese Sicht ist wichtig, um ein Material einzulagern und alle internen Lagerverwaltungstransaktionen durchzuführen, siehe Abbildung 2.9.

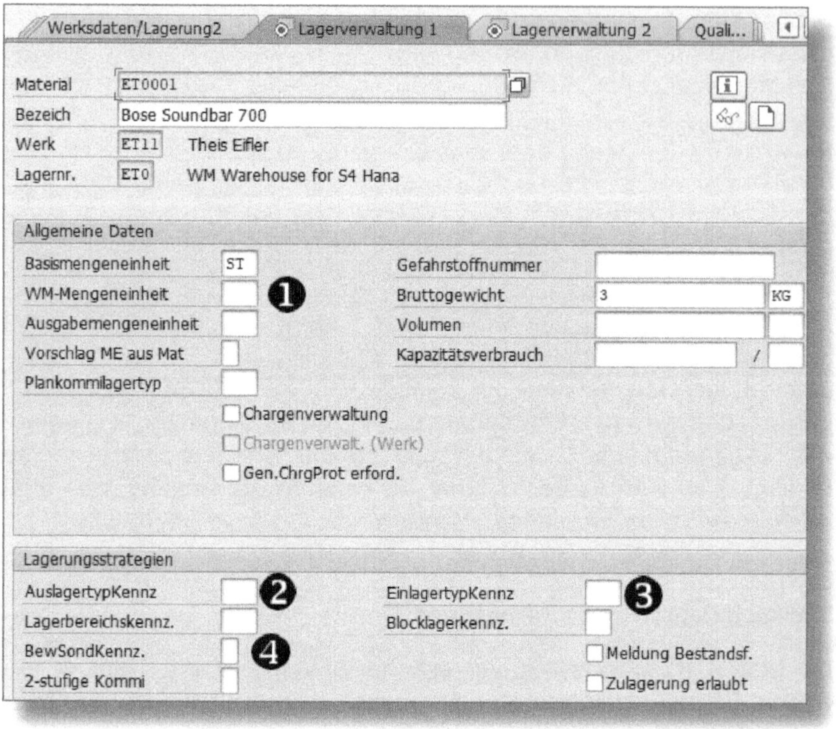

Abbildung 2.9: Sicht Lagerverwaltung 1

Häufig verwendete Felder dieser Sicht sind:

❶ WM-MENGENEINHEIT – Ermöglicht Ihnen, eine zur BASISMENGENEINHEIT abweichende Mengeneinheit zu verwenden, z. B. wenn die Basismengeneinheit Liter ist und das Material im Lager in Behältnissen zu je 50 Litern geführt wird.

❷ AUSLAGERTYPKENNZ – Sie steuern damit, welches Material bevorzugt aus bestimmten Lagertypen entnommen wird, siehe Abschnitt 2.3.7.

❸ EINLAGERTYPKENNZ – Damit steuern Sie, welches Material bevorzugt in bestimmte Lagertypen eingelagert wird, siehe Abschnitt 2.2.6.

❹ BEWSONDKENNZ. (Bewegungssonderkennzeichen) – Ermöglicht Ihnen die Steuerung spezieller Vorgänge beim Buchen eines Materialwirtschaftsbeleges. Sie können damit für ausgewählte Materialien eine gesonderte Materialflusssteuerung festlegen. Anwendungsbeispiele hierfür sind:

- Einlagerung des Materials ohne Zwischenlagerung in der Wareneingangszone
- Ansteuern eines bestimmten Fixlagerplatzes
- Ansteuern eines bestimmten Produktionslagerplatzes

Lagerverwaltung 2: Auch diese Sicht hat mit der Einlagerung von Material und internen Lagerverwaltungstransaktionen zu tun (siehe Abbildung 2.10).

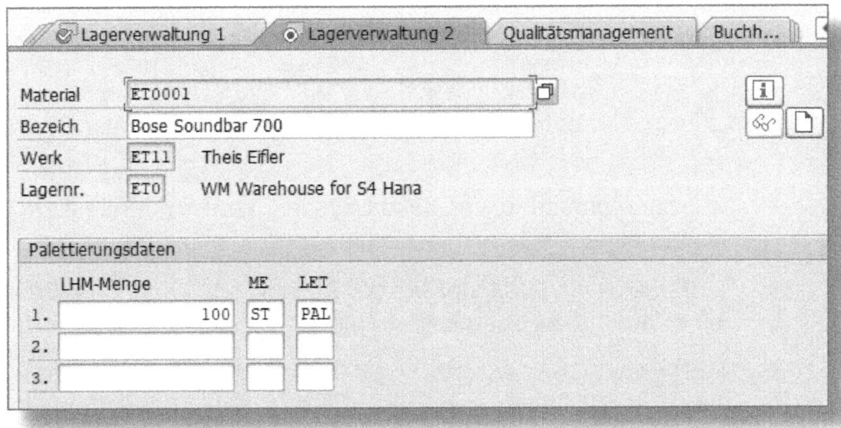

Abbildung 2.10: Sicht Lagerverwaltung 2

Den Abschnitt PALETTIERUNGSDATEN verwenden Sie für Materialien, die auf Paletten oder in anderen Formen von Lagereinheiten gelagert werden. In diesem Fall geben Sie in das Feld LHM-MENGE (Ladehilfsmittelmenge) die maximale Gesamtmenge des Materials ein, die im Lagereinheitentyp LET gelagert werden kann.

In einem weiteren Abschnitt LAGERPLATZBESTAND können Sie lagertypspezifische Daten pflegen, siehe Abbildung 2.11. Der Lagertyp wird im Einstiegsbildschirm eingegeben (nicht abgebildet).

Lagerplatzbestand

Lagerplatz	A-01	Kommissionierbereich	
Max.Lagerplatzmenge	20	Manipulationsmenge	
Min.Lagerplatzmenge	11	Nachschubmenge	5
Rundungsmenge			

Abbildung 2.11: Sicht Lagerverwaltung 2, Lagerplatzbestand

Die wichtigsten Felder für diesen Abschnitt sind folgende:

- Im LAGERPLATZ definieren Sie einen materialspezifischen Festlagerplatz.
- Die MAX. LAGERPLATZMENGE gibt beim automatischen Nachschubverfahren die höchstmögliche Menge für diesen Platz vor.
- Bei Unterschreitung der MIN. LAGERPLATZMENGE erstellt das System einen Nachschubvorschlag.
- Die RUNDUNGSMENGE gibt bei der Kommissionierung die Menge vor, auf die die angeforderte Menge abgerundet wird.
- Die NACHSCHUBMENGE gibt vor, mit welcher Menge der Lagerplatz aufgefüllt wird.

2.2 Eingangsprozesse

2.2.1 Wareneingang ohne Bezug zur Anlieferung

Dieses sehr häufige Wareneingangsszenario basiert auf einer Bestellung, bei der für die erwarteten Waren keine Ankündigung (Avis) notwendig ist.

Folgende Schritte sind dazu erforderlich:

- Sobald die Waren eintreffen, werden sie physisch in eine Wareneingangszone abgelegt und mithilfe der Transaktion *MIGO* mit Bezug auf die Bestellnummer in der Bestandsführung (MM-IM) gebucht. Gleichzeitig wird ein Transportbedarf im StRM angelegt.
- Als nächsten Schritt legen Sie auf Grundlage der Informationen des Transportbedarfs einen Transportauftrag an, manuell oder automatisch. Das ist der Anstoß, die Ware an den vorgesehenen bzw. verfügbaren Lagerplatz zu transportieren.
- Wenn die Ware am Lagerplatz abgestellt ist, muss unmittelbar die Quittierung erfolgen, manuell mit der Transaktion *LT12* oder mit einem RF-Gerät (Erklärung in Abschnitt 2.7.1). Damit ist der Wareneingangsprozess abgeschlossen.

2.2.2 Wareneingang mit Bezug zur Anlieferung

Auch hier beginnt der Prozess mit der Bestellung, allerdings ist mit dem Lieferanten vereinbart, dass er rechtzeitig vor der tatsächlichen Lieferung ein Lieferavis (Lieferankündigung) sendet.

Hier sehen Sie einen beispielhaften Ablauf (dessen Einzelheiten je nach technischen und organisatorischen Gegebenheiten auch etwas abweichen können):

- Der Lieferant schickt das Lieferavis. Im MM-IM wird eine Eingangslieferung (Anlieferung) erzeugt.
- Die angekündigte Ware erreicht physisch die Wareneingangszone. Anhand des vorgegebenen Lagerplatzes wird im StRM ein Transportauftrag generiert.
- Ein Lagermitarbeiter erkennt auf seiner Transportliste die auszuführende Tätigkeit und fährt die Ware zum Lagerplatz.
- Wenn die Ware am Lagerplatz abgestellt ist, quittiert der Lagermitarbeiter mittels RF-Gerät den Transportauftrag.

- Im MM-IM wird automatisch erkannt, dass die Ware eingelagert ist, es wird die Wareneingangsbuchung, bezogen auf die Anlieferung, erzeugt. Damit ist der Wareneingangsprozess abgeschlossen.

2.2.3 Wareneingang ohne Referenzbeleg im MM-IM

Bei diesem Szenario legen Sie im StRM nach dem Erhalt der Ware zuerst den Transportauftrag an und buchen danach in der Bestandsführung den Wareneingang.

Das folgende Beispiel beschreibt die Einlagerung einer Palette aus der Fertigung ins Hochregallager.

Abbildung 2.12 zeigt die Transaktion *LT21* mit den entscheidenden Daten der Umlagerung im StRM.

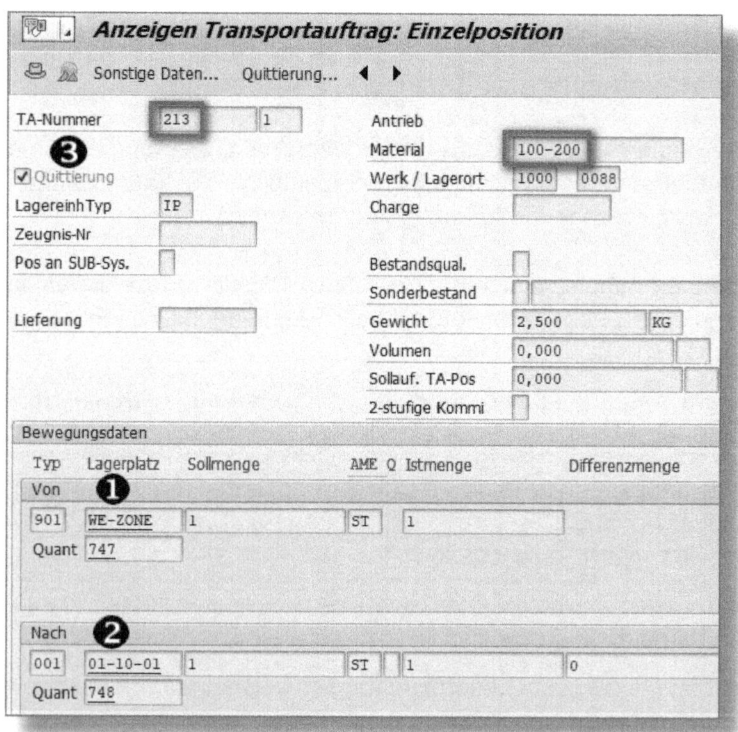

Abbildung 2.12: Transportauftrag Umlagerung im StRM

Abwicklung im StRM:

- Die einzulagernde Ware kommt aus der Produktion und befindet sich auf der Wareneingangsschnittstelle *901 WE-ZONE* ❶.
- Mit der Transaktion *LT01* erstellen Sie einen Transportauftrag zur Einlagerung der Ware.
- Manuell oder anhand einer vordefinierten Suchstrategie wird der »Nach-Lagerplatz« für das Material vorgegeben.
- Das System erzeugt ein negatives Quant auf der Wareneingangsschnittstelle (unter einem »negativen Quant« versteht man einen Zustand, der kennzeichnet, dass ein Transportbedarf besteht, bzw. wenn es bereits einen Transportauftrag gibt, dass die Quittierung noch offen ist).
- Anhand des Transportauftrags lagern Sie physisch die Ware von der Wareneingangsschnittstelle auf den vorgesehenen Lagerplatz *01-10-01* ❷ ein.
- Der Lagermitarbeiter quittiert den Transportauftrag ❸. Mit der Quittierung des Transportauftrags ist die Ware im System verfügbar.

Abwicklung im MM-IM:

- Mit der Transaktion *MIGO_GI* buchen Sie manuell den Wareneingang in der Bestandsführung (MM-IM). Automatismen für diese Buchung sind bei entsprechenden Einstellungen möglich.

Abbildung 2.13 zeigt das Ergebnis der Buchung in der Bestandsführung:

- Die Bewegungsart 501 ❶ bedeutet »Eingang ohne Bestellung in Frei verwendbar«.
- Als BESTANDSART wird FREI VERWENDBAR ❷ ausgewiesen.
- Der LAGERORT in der Bestandsführung ist das Fertigwarenlager ❸.

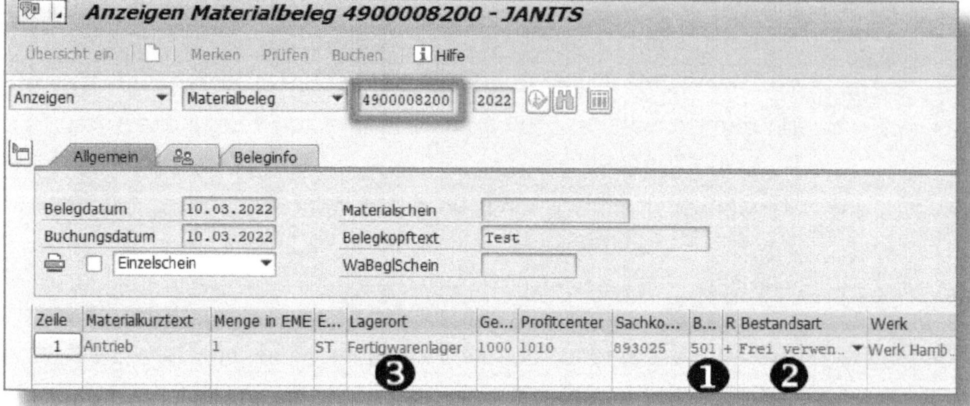

Abbildung 2.13: WE-Materialbeleg im MM-IM

2.2.4 Wareneingang in den Qualitätsprüfbestand

Wenn Sie Waren von einem Lieferanten oder aus der eigenen Produktion übernehmen, aber nicht gleich als verwendbaren Bestand buchen wollen, können Sie die Ware zunächst in den Qualitätsprüfbestand buchen. Dieser zählt nicht zum frei verwendbaren Bestand und kann nicht ausgelagert werden.

Als Voraussetzung sollte das Qualitätsprüfkennzeichen ❶ bereits in der Materialstammsicht QUALITÄTSMANAGEMENT hinterlegt sein (siehe Abbildung 2.14), sonst müssen Sie es spätestens bei der Anlage der Bestellposition setzen. Weitere Prüfeinstellungen können vom Qualitätsmanagement gepflegt werden.

Abwicklung im MM-IM:

- Mit der Transaktion *MIGO* oder Fiori-App »Warenbewegung buchen« buchen Sie den Wareneingang zur Bestellung.

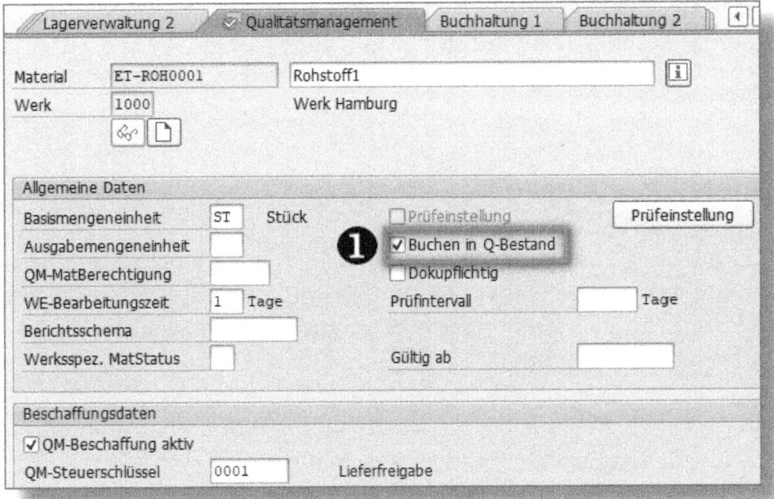

Abbildung 2.14: Stammdaten – Produkt Material ändern

Abwicklung im StRM:

- Für das eingegangene Material entsteht ein Quant (ein Quant bezeichnet einen Bestand mit denselben Merkmalen) mit *dynamischer Koordinate* (Bestellnummer) und der *Bestandsqualifikation* »Q« auf der Wareneingangsschnittstelle »902 WE-Zone Fremdzugänge«.
- Das System erstellt einen Transportbedarf (TB) mit Bestandsqualifikation »Q«.
- Auf Grundlage des TBs erstellen Sie im StRM einen Transportauftrag zur Einlagerung des Materials.
- Der Lagermitarbeiter lagert physisch das Material im Lager ein und quittiert den Transportauftrag.

Das Material liegt nun am gewünschten Platz, aber es kann nicht verwendet bzw. ausgelagert werden, da es sich im Qualitätsprüfbestand mit Bestandsqualifikation »Q« befindet.

Der nächste Schritt ist die Freigabe aus dem Qualitätsprüfbestand zur freien Entnahme, Verschrottung oder für sonstige weiterführende Prozesse.

2.2.5 Einlagerungsstrategie – Findung

Bei der Erstellung von Transportaufträgen sollten Sie für die Ermittlung der Lagerplätze manuelle Eingriffe so weit wie möglich vermeiden. Mit gezielten Strategien erreichen Sie eine schnelle und fehlerfreie Abwicklung von Warenbewegungen.

In diesem Abschnitt lernen Sie die notwendigen Schritte kennen, um die Findung der Lagerplatzdaten zu automatisieren.

Die Findungsverfahren im System sind wie nachfolgend beschrieben aufgesetzt. Betrachten Sie zuerst die Übersicht in Abbildung 2.15.

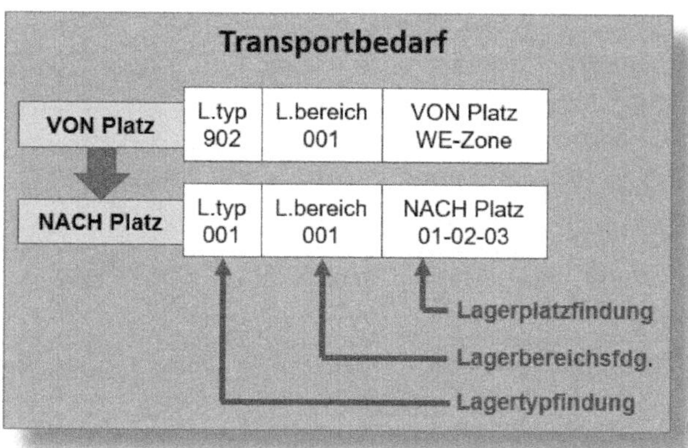

Abbildung 2.15: Einlagerungsstrategie Übersicht

Lagertypfindung

Hier bestimmen Sie, wie und auf welchen Lagertyp das System das Material einlagern soll.

Die Einstellungen finden Sie im Customizing-Pfad: SPRO • LOGISTICS EXECUTION • LAGERVERWALTUNG • STRATEGIEN • LAGERTYPFINDUNG AKTIVIEREN. Dort wählen Sie das Objekt *Suchreihenfolge bestimmen*.

Ein Beispiel sehen Sie in Abbildung 2.16.

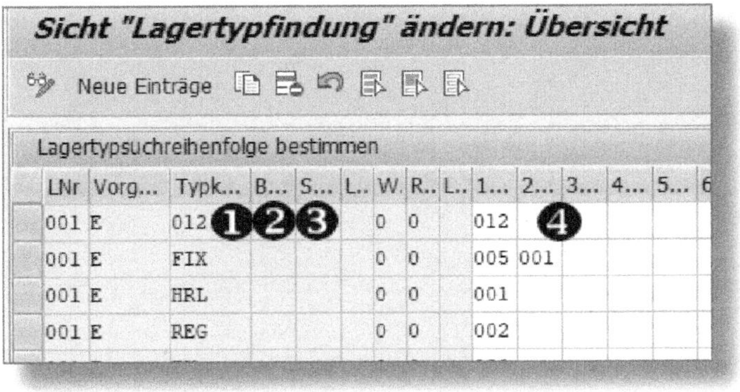

Sicht "Lagertypfindung" ändern: Übersicht

Neue Einträge

Lagertypsuchreihenfolge bestimmen

LNr	Vorg...	Typk...	B...	S...	L..	W.	R..	L..	1...	2...	3...	4...	5...	6
001	E	012 ❶	❷	❸		0	0		012		❹			
001	E	FIX				0	0		005	001				
001	E	HRL				0	0		001					
001	E	REG				0	0		002					

Abbildung 2.16: Einlagerung – Lagertypfindung

Die Lagernummer (LNR) *001* und der Vorgang (VORG...) *E* (= Einlagerung) sind die Steuerungsschlüssel. Folgende Felder sind für die Lagertypsuchreihenfolge von Bedeutung:

❶ **Lagertypkennzeichen** (TYPK...) – Mithilfe dieses Kennzeichens können Sie Materialien in Gruppen zusammenfassen – je nach Lagertyp, in den sie bevorzugt eingelagert werden sollen. Dazu tragen Sie im Materialstamm in der Lagerverwaltungssicht 1 im Feld EINLAGERTYPKENNZ dieses Kennzeichen ein (siehe Abbildung 2.22), beispielsweise:

- *012* = Blocklager
- *FIX* = Fixplatz
- *HRL* = Hochregallager

❷ **Bestandsqualifikation** (B...) – Hier sind Eintragungen möglich wie beispielsweise:

- _ = Freier Lagerbestand
- *Q* = Lagerbestand in Qualitätsprüfung

- *R* = Retourenlagerbestand
- *S* = Sperrbestand

❸ **Sonderbestandskennzeichen** (S...) – einige Beispiele:

- *E* = Auftragsbestand
- *K* = Lieferantenkonsignation
- *Q* = Projektbestand

❹ **Lagertypfindung** (1... bis 30) – Hier richten Sie für das Lagertypkennzeichen *012* (Blocklager) die Lagertypfindung ein, und zwar nach Prioritäten, beginnend mit 1... bis max. 30.

Lagerbereichsfindung

Lagerbereiche werden definiert, um Lagertypen zu unterteilen, z. B. zur getrennten Einlagerung von Schnell- und Langsamdrehern. Das System sucht anhand der vorgegebenen Kriterien einen Lagerplatz im zugeordneten Bereich des jeweiligen Lagertyps.

Die Einstellungen finden Sie im Customizing-Pfad: SPRO • LOGISTICS EXECUTION • LAGERVERWALTUNG • STRATEGIEN • LAGERBEREICHSFINDUNG AKTIVIEREN.

Ein Beispiel zeigt Abbildung 2.17.

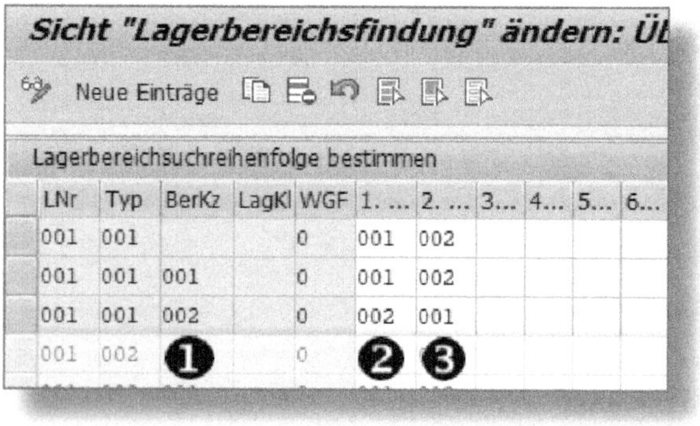

Sicht "Lagerbereichsfindung" ändern: Ü

Neue Einträge

Lagerbereichsuchreihenfolge bestimmen

LNr	Typ	BerKz	LagKl	WGF	1. ...	2. ...	3...	4...	5...	6...
001	001			0	001	002				
001	001	001		0	001	002				
001	001	002		0	002	001				
001	002	❶		0	❷	❸				

Abbildung 2.17: Lagerbereichsfindung

Die Lagerbereichsuchreihenfolge für Lagernummer (LNR) *001* und Lager-TYP *001* (= Hochregallager) konfigurieren Sie wie folgt:

❶ **Lagerbereichkennzeichen** – hier beispielhaft:

- (leeres Feld) = keine Zuordnung
- *001* = Schnelldreher
- *002* = Langsamdreher

❷ **Lagerbereich 1. Wahl:**

- Dem BERKZ *001* (= Schnelldreher) wird *001* (= Gesamtbereich) zugeordnet.
- Dem BERKZ *002* (= Langsamdreher) wird *002* (= Langsamdreher) zugeordnet.

❸ **Lagerbereich 2. Wahl** – Hier legen Sie fest, welcher Lagerbereich dem Material alternativ zugeordnet wird, wenn im Lagerbereich 1. Wahl kein Lagerplatz mehr zur Verfügung steht. Max. 30 Wahlzuordnungen sind möglich:

- Dem BERKZ *001* (= Schnelldreher) wird *002* (= Langsamdreher) alternativ zugeordnet.
- Dem BERKZ *002* (= Langsamdreher) wird *001* (= Gesamtbereich) alternativ zugeordnet.

Lagerplatztypfindung

Hier ordnen Sie als Erstes die Lagereinheitentypen (z. B. Boxen, Paletten, Oktabins usw.) den Lagertypen (Regal-, Frei-, Block-, Gefahrenstofflager usw.) zu.

Danach sind die Lagerplatztypen an der Reihe. Die Einstellungen finden Sie im Customizing-Pfad SPRO • LOGISTICS EXECUTION • LAGERVERWALTUNG • STRATEGIEN • LAGERPLATZTYPFINDUNG AKTIVIEREN. Dort wählen Sie das Objekt *Lagerplatztypen*.

Sicht "Lagerplatztypfindung" ändern:

Neue Einträge

Lagerplatztypen zum Lagereinheitentyp zuordnen

LNr ...	LET...	1...	2...	3...	4...	5...	6...	7...	8...	9...
001	BX1	E1	P1							
001	BX2	❶	❷							
001	BX3	E1	P1							
001	E1	E1	E2	P1	B1					
001	E2	E2	P1							
001	IP	E1	E2	P1	B1					

Abbildung 2.18: Lagerplatztypfindung

Abbildung 2.18 zeigt wiederum ein Beispiel mit Lagernummer (LNR) *001* und Lagereinheitentyp (LET) *BX1*:

❶ Lagerplatztyp *E1* = Platz mit 1 m Höhe

❷ Lagerplatztyp *P1* = Platz mit 3 m Breite

Sie können pro LET (Lagereinheitentyp) bis zu 30 Lagerplatztypen verwenden.

2.2.6 Einlagerungsstrategie – Steuerung

Um zu differenzieren, welche Art von Lager, welche Charakteristiken und Abhängigkeiten einer Einlagerungsstrategie zuzuordnen sind, werden in Verbindung mit der Lagerplatzfindung noch weitere Steuerungen eingesetzt.

Diese steuernden Elemente für die jeweilige Einlagerungsstrategie legen Sie in den **Einstellungen des Lagertyps** fest. Wenn keine Strategie verfolgt werden soll, bleibt das Feld »Einlagerungsstrategie« einfach leer. Das bedeutet, dass der jeweilige Lagermitarbeiter bei der Durchführung den Nach-Lagerplatz selbst bestimmen muss.

Die Vorgaben für die Einlagerungsstrategie finden Sie im Customizing-Pfad SPRO • LOGISTICS EXECUTION • LAGERVERWALTUNG • STAMMDATEN • LAGERTYP DEFINIEREN. Sie wählen die Zeile des zu bearbeitenden *Lagertyps* aus und klicken auf »Detail« .

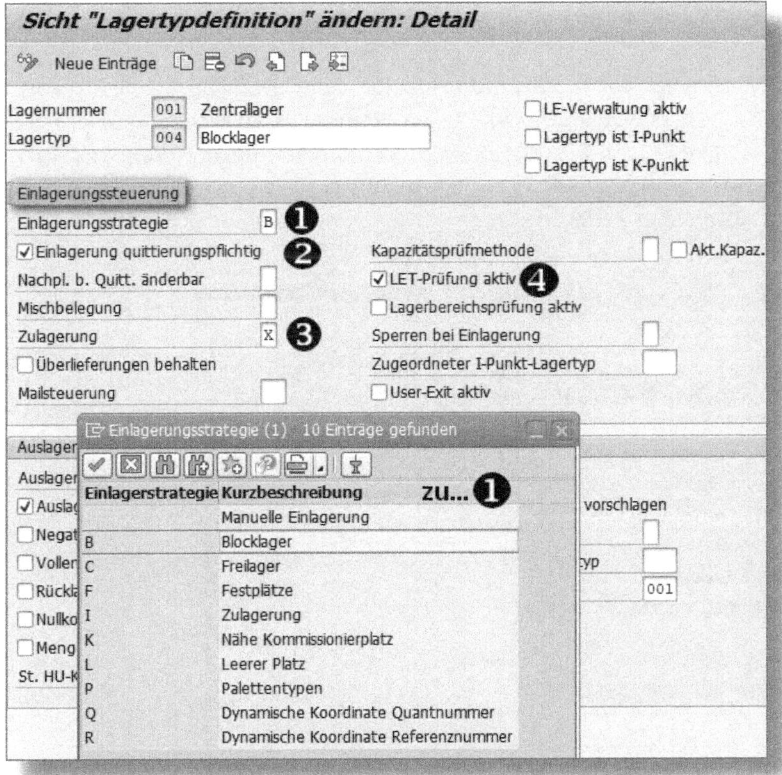

Abbildung 2.19: Einlagerungsstrategie – Lagertypdefinition

In unserem Beispiel (Abbildung 2.19) wurden folgende Einstellungen vorgenommen:

❶ Ausgewählt ist EINLAGERUNGSSTRATEGIE *B* für ein *Blocklager*.

❷ Die EINLAGERUNG soll QUITTIERUNGSPFLICHTIG sein. Das Kennzeichen wird in der Regel auch bei den anderen Lagertypen gesetzt.

❸ ZULAGERUNGEN des gleichen Materials am jeweiligen Lagerplatz sind erlaubt.

❹ Eine Prüfung der Lagereinheiten ist aktiviert (sie muss beim Blocklager nicht explizit aktiviert werden, da die interne Logik das automatisch übernimmt).

Die **Zuordnung der Strategien** erfolgt über den Customizing-Pfad SPRO • LOGISTICS EXECUTION • LAGERVERWALTUNG • STRATEGIEN • LAGERPLATZTYPFINDUNG AKTIVIEREN. Dort wählen Sie das Objekt *Lagereinheitentypprüfung aktivieren*. Sie gelangen als Erstes zur Übersicht (siehe Abbildung 2.20).

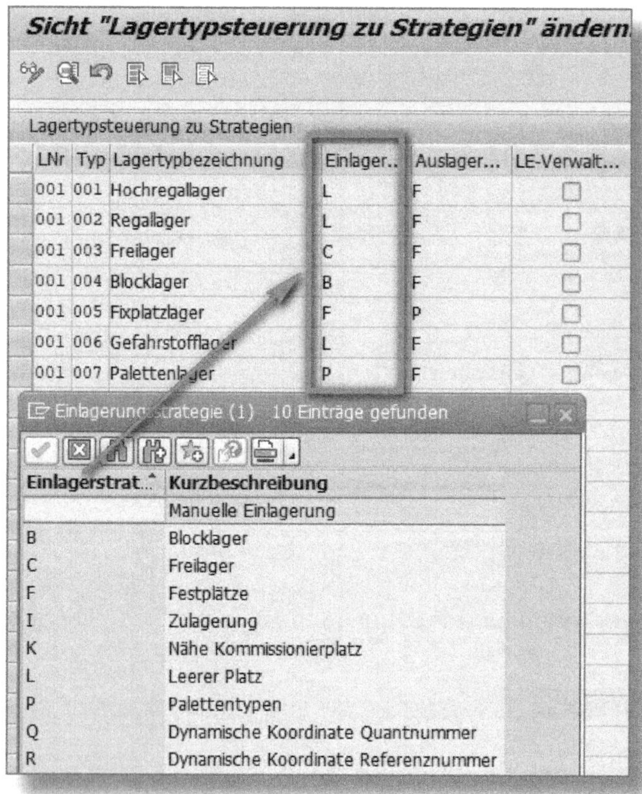

Abbildung 2.20: Einlagerungsstrategie – Zuordnungen

Um Änderungen durchzuführen, wählen Sie die Zeile des zu bearbeitenden *Lagertyps* aus und klicken auf »Detail« .

Nachfolgend finden Sie mehr Details über die Verwendung der einzelnen Strategien. Den Überschriften ist das jeweilige Kennzeichen der Strategie vorangestellt.

B – Blocklager

Ein *Blocklager* ist in der Regel in Zeilen eingeteilt, diese werden jeweils als Lagerplatz definiert. Jeder Zeile wird ein bestimmter Lagereinheitentyp (LET) zugeordnet, z. B. Palettenart, Boxen, auch unterschiedliche Größen. Es sind aber auch Mischbelegungen möglich, d. h. verschiedene LET je Zeile.

Die Einstellung finden Sie im Customizing-Pfad SPRO • LOGISTICS EXECUTION • LAGERVERWALTUNG • STAMMDATEN • LAGERTYP DEFINIEREN/ DETAIL EINLAGERUNGSSTEUERUNG.

Das Beispiel für Blocklagerung wurden bereits in der Einführung dieses Kapitels vorgestellt, siehe Abbildung 2.19

C – Freilager

Das *Freilager* ist ein sehr flexibler Bereich, wo ein Lagerplatz pro Lagerbereich definiert wird und beliebig viele Materialien gelagert werden können. Dem Lagertyp »Freilager« dürfen Sie beliebig viele Lagerplätze zuordnen.

Bei den Einstellungen im Lagertyp kreuzen Sie die Felder MISCHBELEGUNG und ZULAGERUNG an (siehe Abbildung 2.19).

F – Festlagerplatz

Häufig wird ein Material auf einem *Festlagerplatz* eingelagert (auch *Festplatz* oder *Fixplatz* genannt), um eine Kommissionierung manuell leichter durchführen zu können.

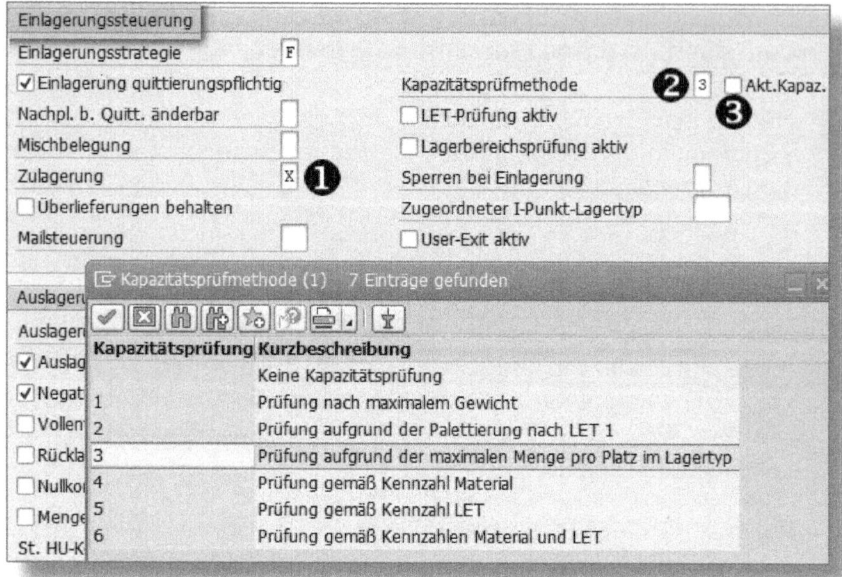

Abbildung 2.21: Lagertypdefinition – Festplatzlager

Sie müssen dazu zunächst Einstellungen in der Lagertypdefinition vornehmen (Abbildung 2.21):

❶ Die ZULAGERUNG muss ermöglicht werden.

❷ Die KAPAZITÄTSPRÜFMETHODE bestimmen Sie nach Bedarf. In unserem Fall wurde die sehr gängige Prüfmethode *3* ausgewählt.

❸ Die aktive Kapazitätsprüfung (AKT.KAPAZ.) setzt das System durch die interne Logik beim Zulagern mit den Strategien B, I und F automatisch.

Im Materialstamm in der Sicht LAGERVERWALTUNG 1 ist nun noch folgende Einstellung nötig (Abbildung 2.22):

❶ Das EINLAGERTYPKENNZ muss für diese Strategie zwingend gesetzt werden. Sollte es fehlen, können bei der Durchführung der Einlagerung Fehler auftreten.

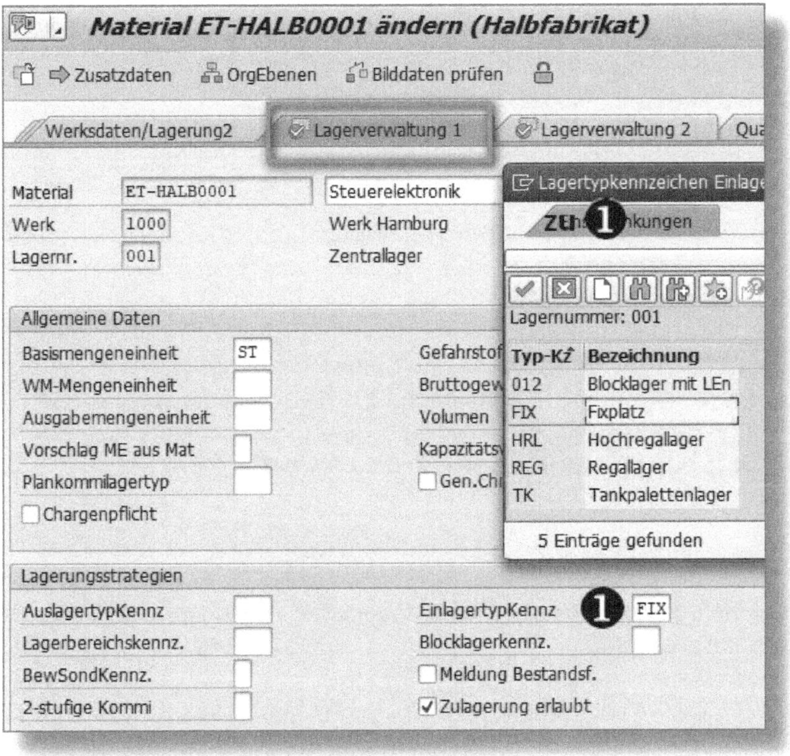

Abbildung 2.22: Materialstamm Festplatzlager

I – Zulagerung von Waren

Wenn Sie Waren auf einen Lagerplatz zulagern wollen, an dem bereits entsprechendes Material liegt, findet das System bei der Anlage eines Transportauftrages mithilfe der Lagertypdefinition den entsprechenden Lagerplatz. Beachten Sie aber:

- Das FIFO-Prinzip (siehe Abschnitt 2.3.7) ist bei dieser Einlagerungsstrategie ausgeschaltet!
- Wenn am betroffenen Lagerplatz nicht mehr genug Platz vorhanden ist, weicht das System auf den nächsten leeren Lagerplatz aus (siehe Strategie L – Nächster Leerplatz).

Zulagerungen können Sie auf zwei Arten einstellen:

- Sie verwenden für den jeweiligen **Lagertyp** die EINLAGERUNGSSTRATEGIE *Zulagerung* (vgl. Abbildung 2.20).
- Das Feld für die Kapazitätsprüfmethode AKT.KAPAZ. müssen Sie für die Einlagerung unbedingt setzen, Abbildung 2.21 ❸.
- Sie setzen in der **Lagertypdefinition** im Feld ZULAGERUNG (❶ in Abbildung 2.21) ein *X* (= Zulagerung generell erlaubt) oder *M* (= Zulagerung laut Zulagerkennzeichen im Materialstamm).

Einen weiteren Steuermechanismus bietet der Materialstamm in der Sicht **Lagerverwaltung 1**. Dort haben Sie die Möglichkeit zu entscheiden, ob einem Material einer bestimmten Ausprägung, das auf einem Platz liegt, das gleiche Material zugelagert werden darf.

K – Kommissionierplatz Nähe

Diese Einlagerungsstrategie verwenden Sie im Zusammenhang mit einem Reservelager.

Sie können die Einstellungen so vornehmen, dass die Software zuerst nach einem Festlagerplatz sucht. Falls keiner verfügbar ist, wählt sie einen Platz, der räumlich so nahe wie möglich beim Festlager des Materials liegt, das wird in der Regel darüber sein.

Das System beginnt die Suche immer auf der untersten Ebene der entsprechenden Säule und arbeitet sich nach oben vor. Wird kein leerer Platz gefunden, sucht das System rechts und links der Säule weiter. Falls das nicht erfolgreich ist, wird der nächste Gang durchgesucht, usw. Der Suchverlauf ist immer auf einen Kommissionierlagertyp begrenzt.

Die Einstellungen dazu nehmen Sie in der **Lagertypdefinition** (vgl. Abbildung 2.21) vor.

L – Nächster Leerplatz

Bei dieser Einlagerungsstrategie wird in einem chaotisch (dynamisch) geführten Lager ein leerer Platz gesucht. Sie eignet sich besonders für Hochregal- und Regallager.

Die Einstellungen dazu nehmen Sie in der **Lagertypdefinition** (vgl. Abbildung 2.21) vor.

Es gibt die Möglichkeit, die Sortierreihenfolge der zu ermittelnden Lagerplätze zu ändern. Diese erweiterte Suchstrategie nennt sich »Quereinlagerung«. Wenn Sie diese umfangreiche Strategie genauer kennenlernen wollen, darf ich auf das SAP-Hilfesystem für das Warehouse-Management-System hinweisen. Dort suchen Sie nach dem Begriff »Quereinlagerung« (*https://help.sap.com/saphelp_erp60_sp/helpdata/de/d5/90c95360267214e10000000a174cb4/content.htm?loaded_from_frameset=true*).

P – Einlagern mit Lagereinheitentyp

Sie können einen Lagerplatz in Positionen unterteilen und die Möglichkeit schaffen, mehrere Quanten (Bestand mit denselben Merkmalen) auf einem einzelnen Lagerplatz abzustellen. Allerdings ist bei dieser Strategie standardmäßig kein Mix von verschiedenen Lagereinheitentypen (LET) innerhalb eines Lagerplatzes vorgesehen (Abbildung 2.23), siehe Beispiel mit Europaletten E1 und Industriepaletten IP.

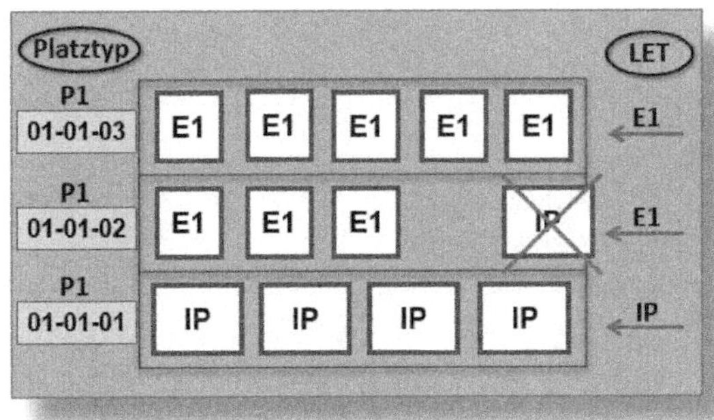

Abbildung 2.23: Einlagerungsstrategie Lagereinheitentyp

Sie haben auch die Möglichkeit, eine Platzaufteilung vorzunehmen, indem Sie z. B. die Anzahl der Paletten pro Lagerplatz vorgeben. Die Einstellung finden Sie im Customizing-Pfad SPRO • LOGISTICS EXECUTION • LAGERVERWALTUNG • STRATEGIEN • EINLAGERUNGSSTRATEGIEN • STRATEGIE PALETTEN DEFINIEREN/ZUORDNEN.

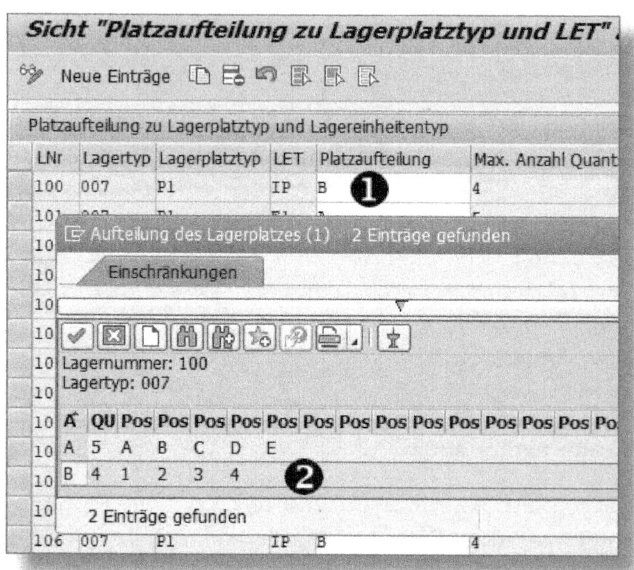

Abbildung 2.24: Einlagerungsstrategie Platzaufteilung

In der Abbildung 2.24 ist PLATZAUFTEILUNG *B* ❶ dem LAGERTYP *007* zugeordnet, max. 4 Quants in der Reihe von 1 bis 4 sind erlaubt ❷.

Q – Dynamische Quantnummer

Hier wird das einzulagernde Material an einem *I-Punkt* (Identifikationspunkt, z. B. nach einer Fertigungsstraße) zwischengelagert und mit einer dynamischen Lagerplatzkoordinate (Quantnummer) versehen. Sobald das Material geprüft (Menge, Größe, Gewicht usw.) und entsprechend gekennzeichnet ist, kann über den weiteren Verbleib entschieden werden – in der Regel, wenn das Material in Ordnung ist, am endgültigen Lagerplatz.

Sie müssen dazu Einstellungen in der LAGERTYPDEFINITION (siehe Abbildung 2.25) vornehmen.

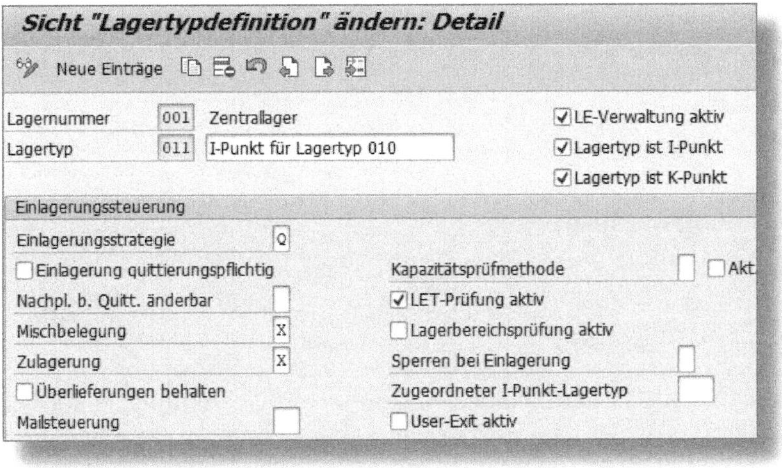

Abbildung 2.25: Einlagerungsstrategie dynamische Quantnummer

Erforderliche Einstellungen für diesen Lagertyp sind:

- LAGERTYP ist ein *I-Punkt* und
- EINLAGERUNGSSTRATEGIE ist *Q*.

In der Regel sind auch die MISCHBELEGUNG (verschiedene Verpackungen, Lagereinheiten usw.), LET-PRÜFUNG AKTIV und die ZULAGERUNG notwendig und gesetzt.

R – Dynamische Referenznummer

Diese Strategie wird für Ein- und Auslagerungen verwendet. Die *dynamische Referenznummer* brauchen Sie für die Abwicklung eines Zwischenlagerbereiches. Diese Technik kommt vor allem bei der zweistufigen Kommissionierung zum Einsatz, deshalb finden Sie die weiteren Details bei den Ausgangsprozessen im Abschnitt 2.3.4.

Manuelle Eingabe

Eine manuelle Eingabe des Nach-Lagerplatzes ist dann sinnvoll, wenn der Lagermitarbeiter bei der Einlagerung die Koordinaten (Lagertyp und Lagerplatz) einscannt bzw. manuell eintippt. Dafür benötigen Sie keine Einlagerungsstrategie, und das Feld EINLAGERUNGSSTRATEGIE bleibt leer.

2.3 Ausgangsprozesse

2.3.1 Auslagerung

Aus Sicht von StRM umfasst eine Auslagerung die **Kommissionierung** von Waren aus den Lagerplätzen im Lager und deren **Bereitstellung am Nach-Lagerplatz** (Warenausgangszone). Dabei hat sich gegenüber ERP WM nichts geändert.

Warenbewegungen können innerhalb des Lagers erfolgen (siehe Abschnitt 2.4), oder es handelt sich um einen externen Versand zu Kunden oder in ein anderes Werk.

In den nächsten beiden Abschnitten erfahren Sie mehr über zwei Formen von Ausgangsprozessen. Der eine hat Bezug zu einer Auslieferung, der andere bezieht sich auf einen Warenausgang in der Bestandsführung.

2.3.2 Warenausgang mit Bezug zur Auslieferung

Abbildung 2.26 zeigt Ihnen den StRM-Aktionsrahmen: Der Anstoß erfolgt in der Bestandsführung durch die Anlage einer Auslieferung, am Schluss steht die Ausbuchung der Waren ebendort.

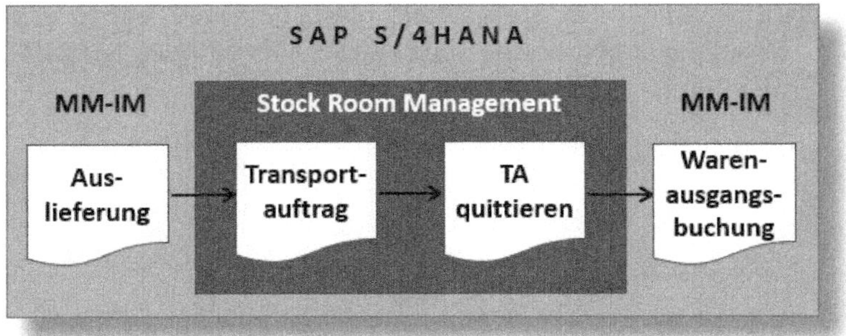

Abbildung 2.26: Warenausgang mit Bezug zur Auslieferung

Der Ablauf umfasst folgende Schritte:

- Zeitabhängig werden relevante Lieferpositionen verarbeitet und stoßen automatisch oder manuell die Erstellung eines Transportauftrages im StRM an.
- Der Ausdruck des Transportauftrages dient im Lager als Kommissionierliste.
- Der Lagermitarbeiter bringt die Ware zur Warenausgangszone und quittiert die erfolgreiche Bereitstellung am Nach-Lagerplatz. Das ist im System die Bestätigung, dass die physische Auslagerung abgeschlossen ist. StRM bucht im Hintergrund die kommissionierte Materialmenge vom Von-Lagerplatz aus und im Nach-Lagerplatz ein.
- Nun können Sie den Warenausgang in der Bestandsführung buchen.

2.3.3 Warenausgang ohne Bezug zur Auslieferung

Abbildung 2.27 zeigt Ihnen wiederum den StRM-Aktionsrahmen. Der Anstoß erfolgt auch hier in der Bestandsführung durch eine Warenausgangsbuchung. Dort wird sofort ein Materialbeleg erstellt. In diesem Fall geht also die buchhalterische Warenausgangsbuchung der physischen Warenbewegung im Lager voraus. Beispiele dafür sind

Verschrottungen, dringende Materialanforderungen oder andere ungeplante Warenausgänge, bei denen im StRM nur der nachgelagerte und abschließende Prozess stattfindet.

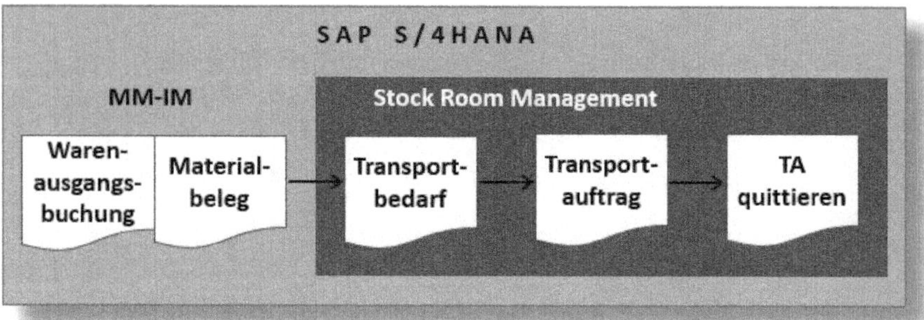

Abbildung 2.27: Warenausgang ohne Bezug zur Auslieferung

Im Einzelnen läuft der Vorgang folgendermaßen ab:

- Die Bestandsführung bucht einen Warenausgang und erzeugt im MM-IM einen Materialbeleg.
- Die Schnittstelle zum StRM erzeugt ein negatives Quant auf der Warenausgangsschnittstelle des Lagers, siehe in Abbildung 2.8 den Lagerplatz »WA-ZONE«. Dadurch entsteht ein Transportbedarf (TB).
- Auf Grundlage des TB erstellen Sie einen Transportauftrag.
- Anhand der Auslagerungsstrategie ermittelt das System den Lagerplatz, aus dem das Material entnommen werden soll.
- Der Ausdruck des Transportauftrages dient im Lager als *Kommissionierbeleg*.
- Der Lagermitarbeiter bringt die Ware zur Warenausgangszone und quittiert die erfolgreiche Bereitstellung am Nach-Lagerplatz. Das ist in unserem Fall die »WA-ZONE«, könnte aber je nach Anforderung auch eine andere Warenausgangsschnittstelle sein.
- Falls Bestandsdifferenzen auftreten sollten, halten Sie das mit einer Mengenkorrektur bei der Quittierung fest.

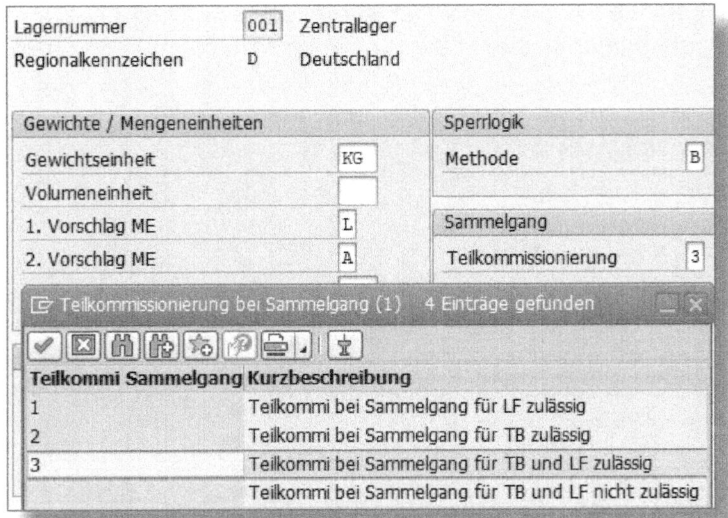

Abbildung 2.29: Warenausgang – Sammelgang Steuerung

Sie können beim Sammelgang die Transportaufträge direkt oder zu einem späteren Zeitpunkt erstellen.

Der Ablauf im StRM sieht im Einzelnen folgendermaßen aus:

- Sie wählen Auslieferungen/Transportbedarfe für den Sammelgang aus.
- Mit der Transaktion *VL06P* (Auslieferungsmonitor) fassen Sie die ausgewählten Auslieferungen oder Transportbedarfe unter einer Gruppennummer zusammen.
- Mit der Transaktion *LT42* starten Sie den Sammelgang und erstellen die Transportaufträge für die Gruppennummer. Dazu sollten Sie die Hintergrundverarbeitung (der Ablauf ist am Bildschirm dunkel gesteuert) verwenden.
- Mit der Transaktion *LT44* geben Sie die Transportauftragspapiere für den Druck frei. Falls die Datenübertragung in ein Fremdsystem eingebunden ist, wird vom System zu diesem Zeitpunkt die Datenübertragung angestoßen.

- Sobald die Ware im gewünschten Nach-Lagerplatz angelangt ist, quittieren Sie die für die Gruppe erstellten Transportaufträge. Um mehrere Transportaufträge, die in eine Gruppe zusammengefasst sind, komfortabel zu quittieren, verwenden Sie die Transaktion *LT25N*.

Gruppe

Im StRM lassen sich im Zuge der Sammelgangsverarbeitung für die Kommissionierung im Lager Arbeitspakete bilden. Das gilt für Auslieferungen oder Transportbedarfe, die Sie nach bestimmten Auswahlkriterien zu einer *Gruppe* zusammenfassen können. Dafür vergeben Sie eine eigene Gruppennummer.

Im Zusammenhang mit dem Sammelgang verwenden Sie diese Gruppennummer für Optimierungsmaßnahmen. Sie haben die Möglichkeit, die zusammengefassten Auslieferungen und Transportbedarfe in weiterer Folge zu drucken, freizugeben und zu quittieren.

2.3.6 Auslagerungsstrategien – Findung

Auch bei der Auslagerung gilt es für die Ermittlung der Findungsdaten so wenig manuelle Eingriffe wie möglich durchzuführen. Mit gezielten Strategien erreichen Sie eine schnelle und fehlerfreie Abwicklung von Warenbewegungen.

Im Unterschied zur Einlagerung wird bei der Auslagerung das Material in der Regel zur Warenausgangsschnittstelle gebracht. Schnittstellenlagertyp, -lagerbereich und -lagerplatz finden Sie entweder im *Transportbedarf* hinterlegt, oder sie werden vom System über die WM-Bewegungsart ermittelt.

Die notwendigen Schritte für die Findung der Daten des Von-Lagerplatzes werden in diesem Abschnitt erläutert. Abbildung 2.30 gibt einen ersten Überblick über diese Findungsverfahren.

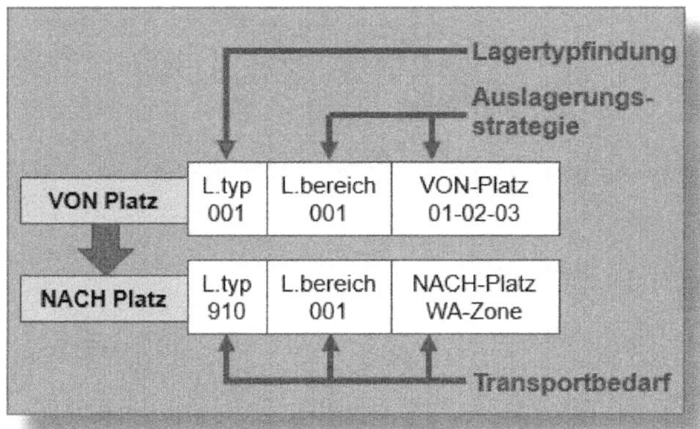

Abbildung 2.30: Auslagerungsstrategie Übersicht

Lagertypfindung

Die Einstellungen hierfür finden Sie im Customizing-Pfad SPRO • LOGISTICS EXECUTION • LAGERVERWALTUNG • STRATEGIEN • LAGERTYPFINDUNG AKTIVIEREN/SUCHREIHENFOLGE BESTIMMEN.

Sicht "Lagertypfindung" ändern: Übersicht

Neue Einträge

Lagertypsuchreihenfolge bestimmen

LNr	Vorg...	Typk...	B...	S...	L..	W.	R..	L..	1...	2...	3...	4...	5...
001	A	FIX ❶	❷	❸		0	1		001	002		❹	
001	A	HRL				0	0		001				
001	A	REG				0	0		002				
001	A	TK				0	0		020				
001	A	TK	Q			0	0		020				

Abbildung 2.31: Auslagerung Lagertypfindung

Abbildung 2.31 zeigt die wichtigsten Felder für die Lagertypsuchreihenfolge anhand eines Beispiels mit Lagernummer (LNR) *001* und Vorgang (VORG...) *A* (= Auslagerung):

❶ **Lagertypkennzeichen** (TYPK...) – Damit fassen Sie Materialien in Gruppen zusammen. Tragen Sie im Materialstamm in der Lagerverwaltungssicht 1 im Feld AUSLAGERTYPKENNZ das jeweilige Kennzeichen ein (siehe in Abbildung 2.22 – links vom EINLAGERTYPKENNZ), beispielsweise:

- *FIX* = Fixplatz
- *REG* = Regallager
- *TK* = Tankpalettenlager

❷ **Bestandsqualifikation** (B...):

- _ = Freier Lagerbestand
- *Q* = Lagerbestand in Qualitätsprüfung
- *R* = Retourenlagerbestand
- *S* = Sperrbestand

❸ **Sonderbestandskennzeichen** (S...):

- *E* = Auftragsbestand
- *K* = Lieferantenkonsignation
- *Q* = Projektbestand

❹ **Lagertypfindung** (1... bis 30) – Hier richten Sie für das Lagertypkennzeichen FIX (Fixplatz) die Lagertypfindung ein, und zwar nach Prioritäten, beginnend mit 1... bis max. 30.

Lagerplatzfindung

Nachdem das System den Lagertyp gefunden hat, ist der nächste Schritt, den Von-Lagerplatz für die Kommissionierung zu bestimmen. Genauso wie Einlagerungsstrategien hat die SAP auch Auslagerungsstrategien vordefiniert, anhand derer das System den Von-Lagerplatz ermittelt.

Die im nächsten Abschnitt 2.3.7 beschriebenen Strategien lassen sich jedem Lagertyp zuordnen.

2.3.7 Auslagerungsstrategien – Steuerung

Die Steuerung funktioniert analog wie bei der Einlagerungsstrategie (Abschnitt 2.2.6). Hier zeige ich nur die wesentlichen Unterschiede auf.

Die steuernden Elemente legen Sie in den **Einstellungen des Lagertyps** fest. Auch hier gibt es die Möglichkeit, das Feld »Auslagerungsstrategie« leer zu lassen und keine Strategie zu verfolgen.

Sie finden die Einstellungen im Customizing-Pfad SPRO • LOGISTICS EXECUTION • LAGERVERWALTUNG • STAMMDATEN • LAGERTYP DEFINIEREN. Sie wählen die Zeile des zu bearbeitenden *Lagertyps* aus und klicken auf »Detail«.

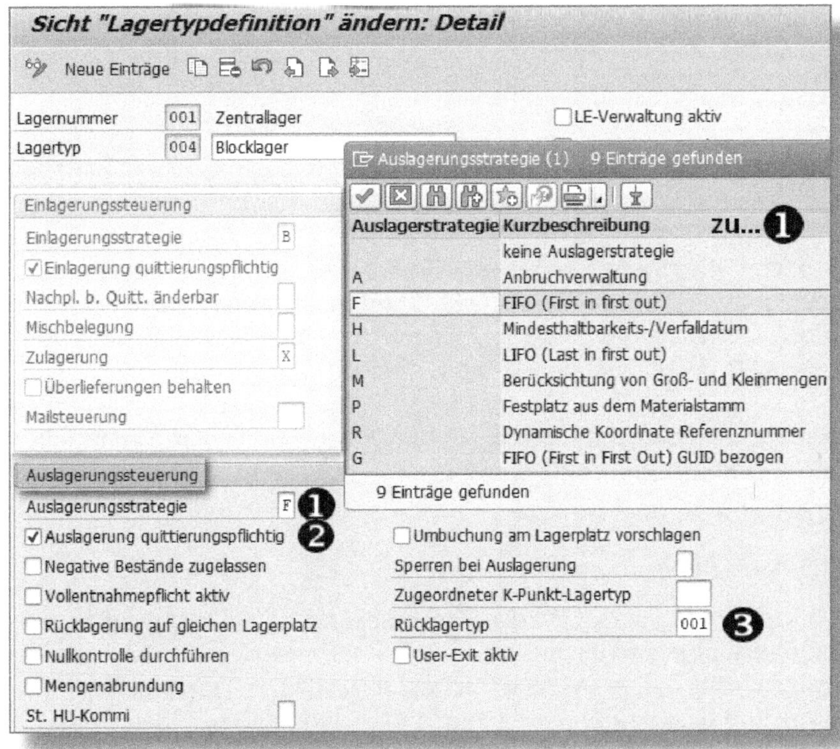

Abbildung 2.32: Auslagerungsstrategie – Lagertypdefinition

Abbildung 2.32 zeigt die Einstellungen am Beispiel eines Blocklagers:

❶ AUSLAGERUNGSSTRATEGIE *F* steht für FIFO (siehe unten).

❷ Die AUSLAGERUNG soll QUITTIERUNGSPFLICHTIG sein. Dieses Kennzeichen wird in der Regel auch bei den anderen Lagertypen gesetzt.

❸ RÜCKLAGERTYP wird für verschiedene Verfahren der Rücklagerung verwendet, siehe Beschreibung in Abschnitt 2.3.8.

Die **Zuordnung der Strategien** zu den jeweiligen Lagertypen nehmen Sie analog wie bei der Einlagerung (Abschnitt 2.2.6) vor.

Nachfolgend finden Sie Details zur Verwendung der einzelnen Auslagerungsstrategien. Den Überschriften ist immer das jeweilige Kennzeichen der Strategie vorangestellt.

F – FIFO (First In – First Out)

Bei der Wareneingangsbuchung wird in der Regel (nicht zwingend) das Datum und die Verweildauer für jedes Quant aufgezeichnet.

So kann das System mit dieser Strategie im Lagertyp, aus dem ausgelagert werden soll, das älteste Quant suchen und vorschlagen. Sie übernehmen den Vorschlag, können ihn aber auch überschreiben, wenn Sie damit nicht einverstanden sind.

Die Auslagerungsstrategie »FIFO« aktivieren Sie mit dem Kennzeichen *F* in der Lagertypdefinition.

Strenges FIFO

In einigen Branchen ist die Beschränkung auf eine Auslagerungsstrategie pro Lagertyp nicht ausreichend. Daher bietet StRM Ihnen die Möglichkeit, die Strategie »Strenges FIFO« einzusetzen und das FIFO-Prinzip auf alle Quanten innerhalb eines Lagers auszudehnen, auch wenn andere Auslagerungsstrategien verwendet werden.

Bestimmte Lagertypen müssen in diesem Fall aber unbedingt ausgeschlossen werden, damit das System keine falschen Auslagerungsvorschläge ermittelt. Im Einzelnen sind das:

- Schnittstelle zur Bestandsaufnahme
- Schnittstellen für Umbuchungen und Umlagerungen
- Warenausgangsschnittstelle
- weitere Lagertypen, abhängig von Ihrer Lagerorganisation, etwa die PRODUKTIONSVERSORGUNG in Abbildung 2.33
- Differenzenschnittstelle, z. B. Differenzen aus der Inventur

Hier nehmen Sie die entsprechenden Einstellungen im System vor: SPRO • LOGISTICS EXECUTION • LAGERVERWALTUNG • STRATEGIEN • AUSLAGERUNGSSTRATEGIE • STRENGES FIFO DEFINIEREN/FESTLEGEN. Abbildung 2.33 zeigt als Beispiel einen Ausschnitt der Ausnahmen für Lager *001*.

Sicht "Ausschluß von Lagertypen vom strengem FIFO

Ausschluß voLagertypen vom strengem FIFO

LNr	Typ	Typ-Bezeichnung	AuslagStrat	Kein strenges FIFO
001	020	Tankpalette	F	☐
001	035	Packstücklager	F	☐
001	100	Produktionsversorgung		☑
001	150	Umlagerungen Kanban		☐
001	200	Zone für 2-stufige Kommi	R	☐
001	901	WE-Zone Produktion		☑
001	902	WE-Zone Fremdzugänge		☑
001	904	Retouren		☑
001	910	WA-Zone allgemein		☑
001	911	WA-Zone Kostenstelle		☑
001	912	WA-Zone Kundenauftrag		☑
001	913	WA-Zone Anlage		☑
001	914	WA-Zone Fertigungsauftrag		☑
001	915	Kommizone Fixplatz	F	☐
001	916	Versandzone Lieferungen		☑

Abbildung 2.33: Auslagerungsstrategie kein strenges FIFO

L – LIFO (Last In – First Out)

Je nach Lagerorganisation ist das FIFO-Prinzip manchmal nicht anwendbar. Wo etwa die Ware beim Einlagern gestapelt wird, ist es nicht sinnvoll, das unterste Material als Erstes auszulagern.

Für solche Fälle bietet StRM die LIFO-Strategie an. Bei der Suche nach einem geeigneten Material für die Auslagerung schlägt das System hier das zuletzt eingelagerte Quant vor. Falls dieses Quant nicht mehr ganz oben liegen sollte, kann der Lagermitarbeiter eine manuelle Korrektur vornehmen.

Die Auslagerungsstrategie »LIFO« aktivieren Sie mit dem Kennzeichen *L* in der Lagertypdefinition.

A – Anbruch

Diese Auslagerungsstrategie steht zugunsten einer Optimierung über dem FIFO-Prinzip. Das System hält so die Anzahl der angebrochenen Lagereinheiten für den jeweiligen Lagertyp möglichst gering.

Diese Strategie ist allerdings nur dann sinnvoll, wenn folgende zwei Einlagerregeln eingehalten werden:

- Der gleiche Standardlagereinheitentyp (Box, Palette usw.) muss immer mit derselben Menge des Materials eingelagert werden. Das ergibt ein Quant mit der vollen Menge der Standardlagereinheit.
- Im Fall eines Anbruchs muss die einzulagernde Menge kleiner als die einer Standardlagereinheit sein. Das ergibt ein Quant mit der restlichen Menge des Anbruchs.

Das System ermittelt die auszulagernden Quanten wie folgt:

- Wenn im Transportauftrag die Anforderungsmenge größer oder gleich der Menge einer Standardlagereinheit ist, lagert das System eine Standardlagereinheit aus.

- Wenn keine Standardlagereinheiten vorhanden sind, nimmt das System Anbrüche.
- Wenn im Transportauftrag die Anforderungsmenge kleiner als die Menge einer Standardlagereinheit ist, lagert das System von einem Anbruch aus.
- Wenn keine Anbrüche vorhanden sind, werden volle Lagereinheiten angebrochen.

Volle Lagereinheiten werden nach dem FIFO-Prinzip ausgesucht.

Die Auslagerungsstrategie »Anbruch« aktivieren Sie mit dem Kennzeichen *A* in der Lagertypdefinition.

Bei der Erstellung der Lagerverwaltungssicht für den Materialstammsatz müssen Sie die Merkmale der Standardlagereinheit definieren.

Lagereinheitenverwaltung einstellen

Um die Optimierungsvorteile der Lagereinheitenverwaltung zu nutzen, nehmen Sie entsprechende Einstellungen im Customizing-Pfad SPRO • LOGISTICS EXECUTION • LAGERVERWALTUNG • LAGEREINHEITEN vor. (Anm.: In diesem Buch sind Details nur im Kontext beschrieben.)

M – Großmengen/Kleinmengen

Diese Strategie eignet sich, wenn Sie beim Transportauftrag zwischen Groß- und Kleinmengen unterscheiden wollen, die jeweils aus einem unterschiedlichen Lagertyp entnommen werden. Die Schwelle, bis zu der man noch von einer Kleinmenge spricht, nennt man *Manipulationsmenge*.

Wollen Sie bei der Kommissionierung auf eine bestimmte Menge abrunden, so erreichen Sie das mit der *Rundungsmenge*.

Nehmen wir an, Sie wollen bei der Auslagerung kleinerer Mengen Kartons auslagern, die im Fixplatzlager liegen, bei einer größeren Menge dagegen Paletten aus dem Hochregallager. Die entsprechenden Einstellungen nehmen Sie in der Sicht LAGERVERWALTUNG 2 im Materialstamm vor (siehe Abbildung 2.34).

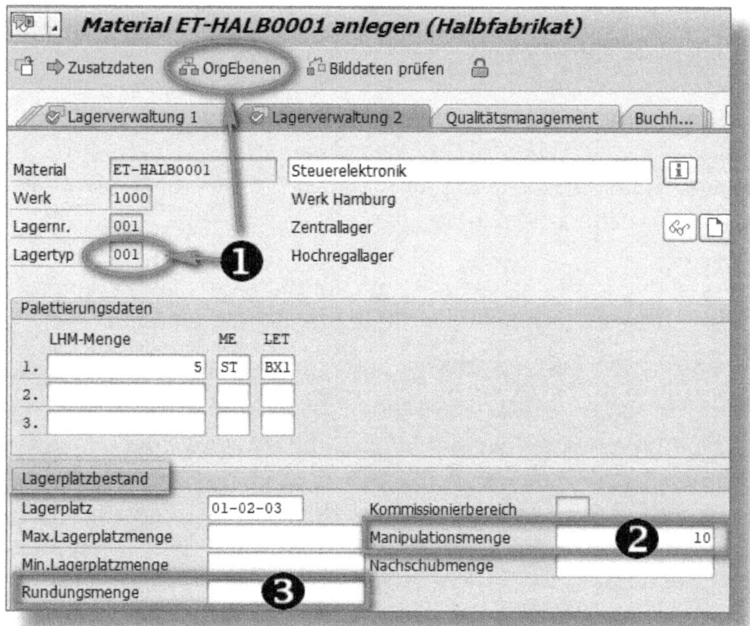

Abbildung 2.34: Auslagerungsstrategie Manipulationsmenge

Sie müssen sich auf der Organisationsebene LAGERTYP befinden ❶, sonst erscheint nicht der Abschnitt LAGERPLATZBESTAND.

Hier stellen Sie die MANIPULATIONSMENGE ❷ ein, anhand der das System ermittelt, ob die Anforderungsmenge aus dem Fixplatzlager oder dem Hochregallager entnommen wird.

Die RUNDUNGSMENGE ❸ wird im Materialstammsatz auf der Ebene des Lagertyps definiert, siehe Abbildung 2.34 unten links.

Manipulationsmenge und Rundungsmenge bei drei Lagertypen

Hier ein Beispiel mit Palettenmengen, Kartonmengen und Einzelmengen aus einer Reihe von drei Lagertypen:

- Für den **ersten Lagertyp** in der Lagertypsuchfolge (Entnahme in Stück) geben Sie die Anzahl Stück pro Karton minus eins als MANIPULATIONSMENGE ein. Da keine Rundung erforderlich ist, bleibt das Feld RUNDUNGSMENGE leer.
- Für den **zweiten Lagertyp** in der Lagertypsuchfolge (Entnahme kompletter Kartons) geben Sie die Anzahl der Kartons pro Palette minus eins als MANIPULATIONSMENGE ein. Im Feld RUNDUNGSMENGE geben Sie die Kartonmenge ein.
- Für den **dritten Lagertyp** in der Suchfolge (Entnahme kompletter Paletten) geben Sie keine Manipulationsmenge ein. Die RUNDUNGSMENGE entspricht der Palettenmenge.

Die Auslagerungsstrategie »Großmengen/Kleinmengen« aktivieren Sie mit dem Kennzeichen *M* in der Lagertypdefinition.

Bei der Lagertypfindung geben Sie als ersten Lagertyp den für die kleinste Menge ein und als zweiten den für die mittlere Menge, usw.

Bewegungsart für die Strategie M

Für die Strategie »Großmengen/Kleinmengen« wird im Standard Bewegungsart *603* (Nachschublieferung) verwendet. Anhand dieser Bewegungsart ermittelt das System, welcher Lagertyp für die Auslagerung von Kleinmengen für Lieferungen verwendet wird.

H – Mindesthaltbarkeitsdatum

Mit dieser Auslagerungsstrategie lagern Sie die Materialien mit dem ältesten Mindesthaltbarkeitsdatum (MHD) zuerst aus.

Das MHD wird beim Wareneingang bestimmt und im Quant fortgeschrieben. Mit der Transaktion *LS23/LS22* können Sie im Quant das Datum bei Bedarf anzeigen und ändern.

> **! MHD-Funktionalität im StRM eingeschränkt**
>
> MHD-Funktionalitäten sind nur eingeschränkt möglich. Das Mindesthaltbarkeitsdatum kann im Zusammenhang mit der Funktionalität des MM genutzt werden. Das beim Wareneingang erfasste oder berechnete MHD wird in das bei der Einlagerung entstehende Quant geschrieben und kann so im StRM weiterverwendet werden.
>
> Noch ein wichtiges Detail: Wenn Sie Bestand zu einem bereits bestehenden Quant auf einem Lagerplatz zulagern, wird das von MM übernommene Mindesthaltbarkeitsdatum mit dem Einlagerdatum überschrieben!

Für diese Auslagerungsstrategie nehmen Sie folgende Einstellungen im System vor:

- Aktivieren Sie mittels der Transaktion *OMKW* die MHD-Verwaltung pro Lagernummer.
- Aktivieren Sie im entsprechenden Lagertypsatz die Auslagerungsstrategie *H*.
- Pflegen Sie die HALTBARKEITSDATEN in der Sicht WERKSDATEN/LAGERUNG 1 im Materialstamm (Abbildung 2.35).

Folgende Felder sind dabei besonders erwähnenswert:

❶ MAX. LAGERUNGSZEIT – Das ist die längste erlaubte Lagerungszeit für das Material.

❷ MINDESTRESTLAUFZEIT – Innerhalb dieses Zeitraumes muss das Material beim Wareneingang noch haltbar sein. Das Feld ist nur im Zusammenhang mit der Chargenverwaltung verwendbar und im StRM nicht relevant!

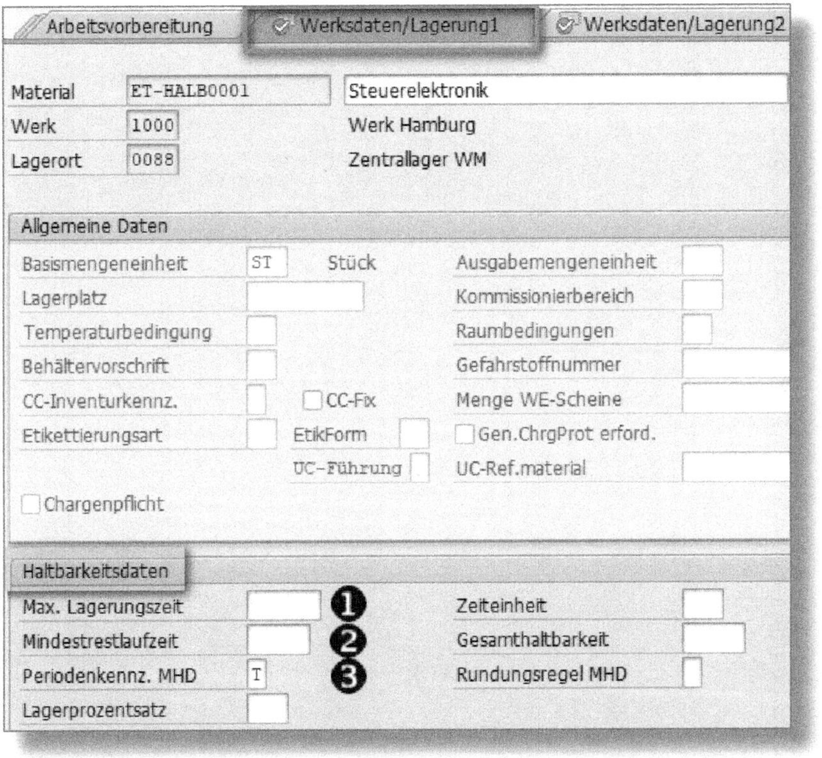

Abbildung 2.35: Auslagerungsstrategie Haltbarkeitsdaten

❸ PERIODENKENNZ. MHD – Dieses Kennzeichen legt fest, ob die oben genannten Zeiträume in Tagen *(T)*, Wochen *(W)*, Monaten *(M)* oder Jahren *(J)* angegeben wird.

☛ MHD-Kontrollliste

Schaffen Sie sich einen Überblick mithilfe der MHD-Kontrollliste, Transaktion *LX27*.

P – Festlagerplatz

Bei dieser Auslagerungsstrategie sucht das System Bestände anhand des eingetragenen Lagerplatzes im Materialstamm (Abbildung 2.36).

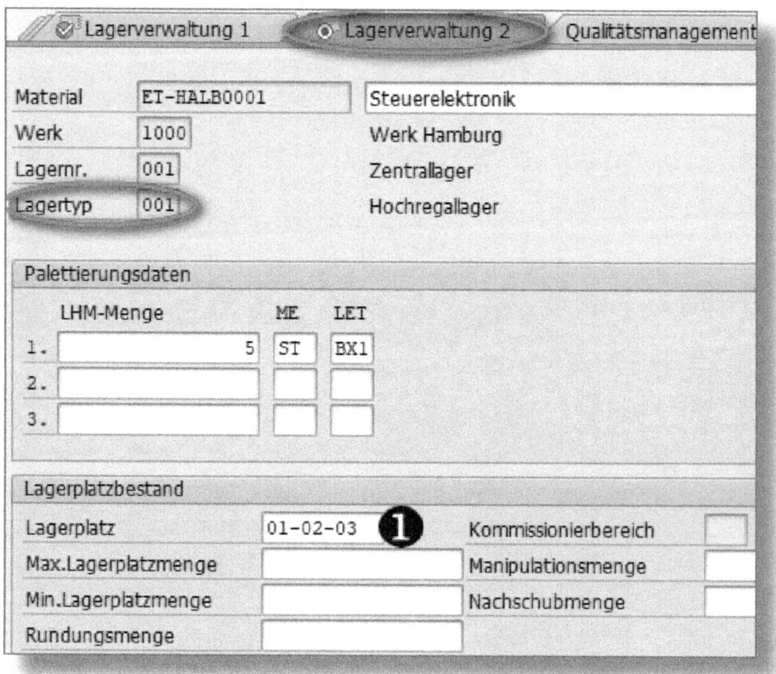

Abbildung 2.36: Auslagerungsstrategie Festlagerplatz

Der Festlagerplatz ❶ wird bei der Auslagerung vom System vorgeschlagen.

> **☛ Nachschubsteuerung**
>
> Bei dieser Strategie sollten Sie nicht vergessen, eine Nachschubsteuerung (Abschnitt 2.4.2) für die betroffenen Plätze einzurichten.

Die Auslagerungsstrategie »Festlagerplatz« aktivieren Sie mit dem Kennzeichen *P* in der Lagertypdefinition.

2.3.8 Rücklagerungsverfahren

Wenn bei Auslagerungen nach der Entnahme der erforderlichen Menge eine Restmenge übrigbleibt, stehen Ihnen im StRM folgende Verfahren für eine eventuelle Rücklagerung (= Rücklieferung) zur Verfügung:

- Keine Rücklagerung
- Rücklagerung auf den gleichen Platz
- Rücklagerung auf einen anderen Lagerplatz

Die Einstellungen hierfür nehmen Sie bei den Lagerplatztypen sowie den Bewegungsarten vor.

Über den Customizing-Pfad SPRO • LOGISTICS EXECUTION • LAGERVERWALTUNG • STAMMDATEN • LAGERTYP DEFINIEREN gelangen Sie zu dem Fenster aus Abbildung 2.37.

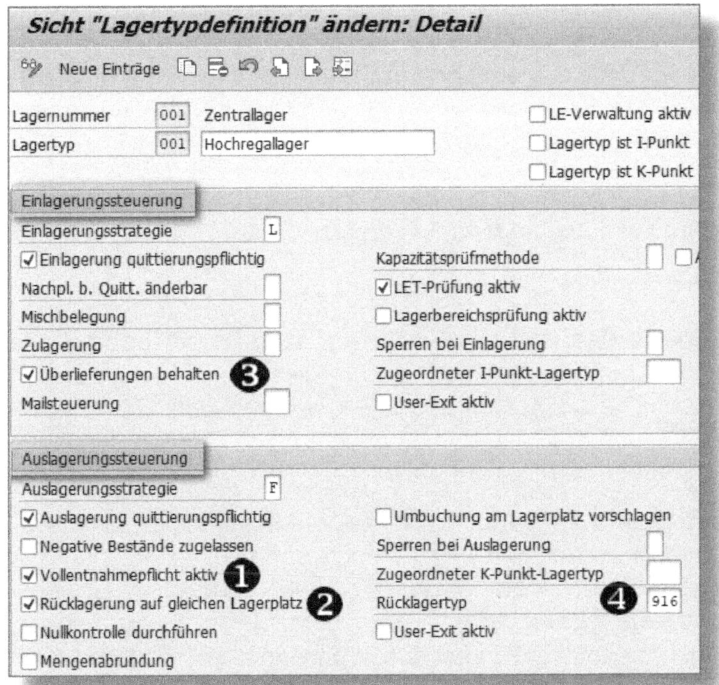

Abbildung 2.37: Auslagerungsstrategie Rücklieferung

Für die Abwicklung von **Rücklieferungen** setzen Sie im StRM in der Lagertypdefinition das Kennzeichen VOLLENTNAHMEPFLICHT AKTIV ❶.

Keine Rücklagerung

Soll der Bestand auf dem Nach-Lagerplatz (Kommissionierplatz) verbleiben und keine Rücklagerung angestoßen werden, nehmen Sie folgende Einstellung vor:

- Sie setzen im Abschnitt EINLAGERUNGSSTEUERUNG das Kennzeichen ÜBERLIEFERUNGEN BEHALTEN ❸ für den jeweiligen Nachlagertyp.

Rücklagerung auf den gleichen Platz

Soll die Rückmenge auf den ursprünglichen Lagerplatz zurückgelagert werden, d. h. auf den im Transportauftrag der Auslieferung angegebenen Von-Lagerplatz, sind diese Einstellungen erforderlich:

- Im Lagertyp, aus welchem ursprünglich ausgelagert wurde, setzen Sie VOLLENTNAHMEPFLICHT AKTIV ❶ und RÜCKLAGERUNG AUF GLEICHEN LAGERPLATZ ❷.

Rücklagerung auf einen anderen Lagerplatz

Hier sind zwei Varianten zu unterscheiden.

- Bei der ersten wird die Rückmenge zu dem im **Lagertypsatz** hinterlegten Lagertyp gebracht. In diesem Fall geben Sie im Abschnitt AUSLAGERUNGSSTEUERUNG im Feld RÜCKLAGERTYP ❹ den Von-Lagertyp, in unserem Fall *916* (Versandzone Lieferungen), ein.
- Bei Variante 2 wird die Rückmenge entsprechend der **Bewegungsart** zu einem Lagertyp und Lagerplatz gebracht. Über den Pfad SPRO • LOGISTICS EXECUTION • LAGERVERWALTUNG • VORGÄNGE • TRANSPORTE • BEWEGUNGSARTEN DEFINIEREN gelangen Sie zu dem Fenster aus Abbildung 2.38. Im Bewegungsartensatz definieren Sie in der Zeile RÜCK den Lager-TYP und den LAGERPLATZ ❺.

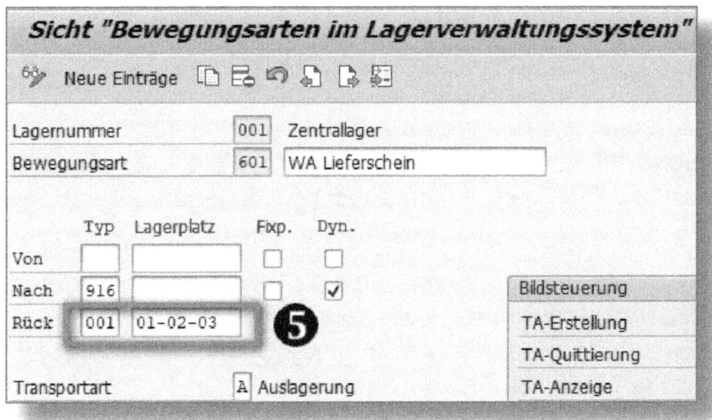

Abbildung 2.38: Rücklieferung Bewegungsarten

2.4 Interne Prozesse

Zu den internen Prozessen gehören:

- physische Materialbewegungen *(Umlagerungen)*
- das Auffüllen vorgegebener Limitunterschreitungen *(Nachschub)*
- buchhalterische oder Statusänderungen *(Umbuchungen)*

2.4.1 Umlagerungen

In der Materialwirtschaft spricht man von Umlagerungen, wenn es sich um den physischen Transport von Material handelt – im Gegensatz zu Umbuchungen, bei denen eine buchhalterische Bestandsänderung vorgenommen wird.

In den folgenden Absätzen lernen Sie die zwei wichtigsten Kategorien der Umlagerung kennen.

Werk/Lagerort nach Werk/Lagerort

Hier sind folgende Arten von Umlagerungen zu unterscheiden:

- Das Material wird von einem StRM-relevanten Lagerort in einen nicht StRM-relevanten Lagerort umgelagert. Eine solche Bewegung wird wie ein Warenausgang (Bestandsführung) mit anschließender Auslagerung (StRM) abgewickelt.
- Das Material wird von einem nicht StRM-relevanten Lagerort in einen StRM-relevanten Lagerort umgelagert. Eine solche Bewegung wird wie ein Wareneingang (Bestandsführung) mit anschließender Einlagerung (StRM) abgewickelt.
- Das Material wird von einem StRM-relevanten Lagerort in einen anderen StRM-relevanten Lagerort umgelagert. Wenn hier zwei verschiedene Lagernummern zugeordnet sind (werksübergreifend), wird eine solche Umlagerung wie ein Warenausgang (mit anschließender Auslagerung) im abgebenden Lager und wie ein Wareneingang (mit anschließender Einlagerung) im empfangenden Lager abgewickelt.

Wenn Sie ein Material zwischen zwei verschiedenen Lagerorten umlagern, denen aber die gleiche Lagernummer zugeordnet ist, handelt es sich um eine **Umbuchung** Lagerort an Lagerort (siehe Abschnitt 2.4.3).

Lagerplatz nach Lagerplatz

Hier handelt es sich ausschließlich um interne Lagerbewegungen.

Umlagern zwischen Lagerplätzen innerhalb derselben Lagernummer betrifft nur die Lagerverwaltung. Da sich der Gesamtbestand **nicht** ändert, ist die Bestandsführung (MM-IM) nicht involviert.

Im Folgenden wird ein Beispiel einer einfachen Umlagerung mit der Transaktion *LT10* beschrieben (die Durchführung mit mobilen Geräten wird in Abschnitt 2.7 gezeigt).

In Abbildung 2.39 sehen Sie den Start des Vorganges.

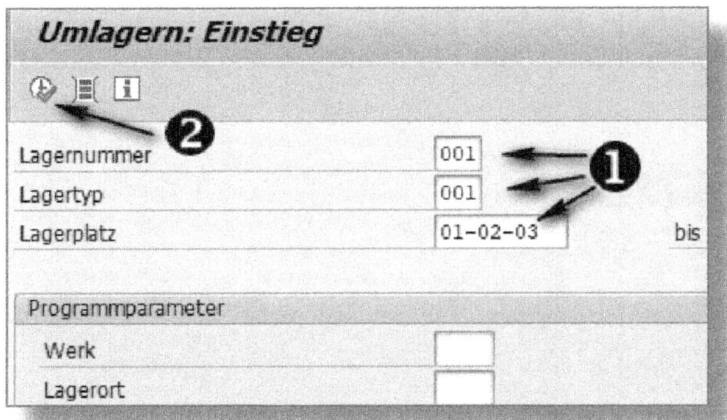

Abbildung 2.39: Umlagern – Einstieg

Sie geben LAGERNUMMER, LAGERTYP und (Von-)LAGERPLATZ ein ❶.

Mit dem »Ausführen«-Button ❷ gelangen Sie zum nächsten Bildschirm.

Es erscheint die Übersicht zu einem Material, ggf. auch zu mehreren (Abbildung 2.40).

Umlagern: Übersicht

Auswählen Sichern

Lagernummer 001
Lagertyp 001

S	Lagerplatz	Material	Werk	Verfüg.Bestand	BME	Charg
☒	01-02-03	R-1270C	1200	80	ST	

Abbildung 2.40: Umlagern – Übersicht

Bestätigen Sie die Zeile ❸ mit dem Material, das zu transportieren ist. Solange der Transportauftrag noch nicht angelegt ist, bleibt die Zeile gelb unterlegt.

Wählen Sie »Umlagern hell« ❹, um den Nach-Lagerplatz zu bestimmen. Es erscheint ein Pop-up, in dem Sie die notwendigen Daten spezifizieren (Abbildung 2.41).

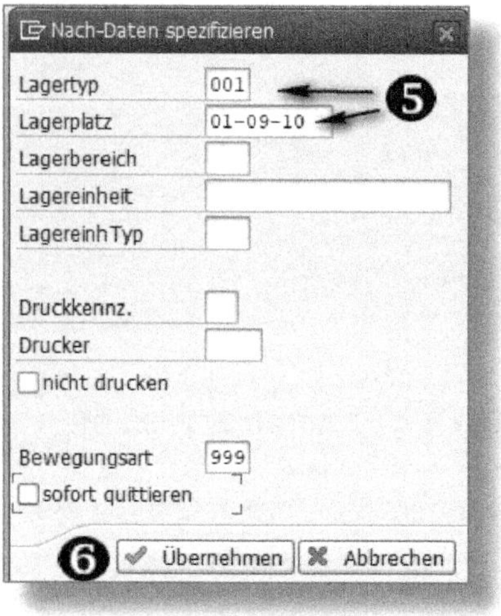

Nach-Daten spezifizieren

Lagertyp 001 ❺
Lagerplatz 01-09-10
Lagerbereich
Lagereinheit
LagereinhTyp
Druckkennz.
Drucker
nicht drucken
Bewegungsart 999
sofort quittieren
❻ Übernehmen | Abbrechen

Abbildung 2.41: Umlagern spezifizieren

Sie geben LAGERTYP und LAGERPLATZ für das Nach-Lager ein ❺. Weitere Eingaben sind nur bei speziellen Prozessabläufen erforderlich. Sie werden bei Schulungen bzw. Trainingsunterlagen genau darauf hingewiesen.

Klicken Sie auf ÜBERNEHMEN ❻.

Sie gelangen wieder zur Übersicht (Abbildung 2.42).

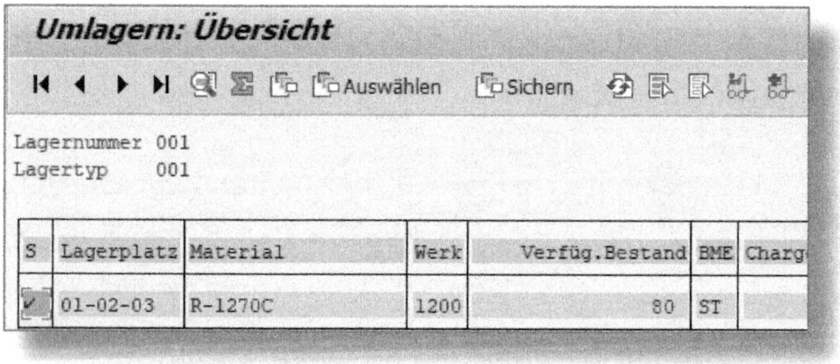

Umlagern: Übersicht

Auswählen Sichern

Lagernummer 001
Lagertyp 001

S	Lagerplatz	Material	Werk	Verfüg.Bestand	BME	Charg
✔	01-02-03	R-1270C	1200	80	ST	

Abbildung 2.42: Umlagern – Übersicht, erfolgreich

Ein grün unterlegter Balken – und eine Meldung in der Statuszeile, hier nicht im Bild – signalisieren Ihnen, dass der Transportauftrag erfolgreich angelegt wurde.

Wenn die Quittierung nicht automatisch angestoßen wird, starten Sie die Transaktion *LT24* (Abbildung 2.43). In diesem Fall wird nach Material selektiert.

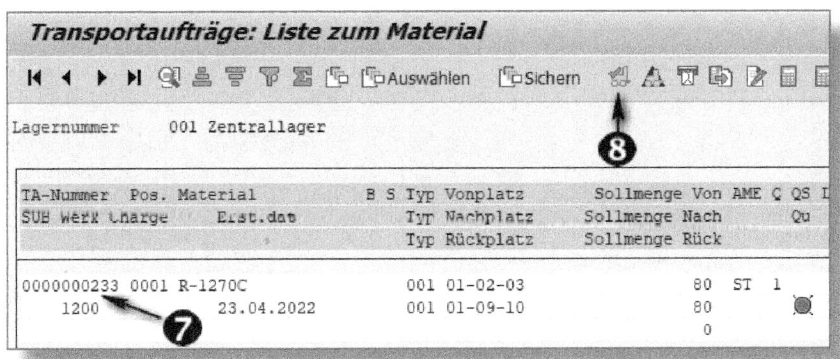

Abbildung 2.43: Umlagern – Quittierung

Klicken Sie auf die Zeile mit dem zu quittierenden Material ❼. Wenn das Material am richtigen Lagerplatz eingelagert wurde, wählen Sie »Quittierung dunkel« ❽.

Damit ist der Transportauftrag quittiert und der Vorgang abgeschlossen.

2.4.2 Nachschub

Wenn Sie den Bestand eines bestimmten Materials nach Unterschreitung eines vorgegebenen Limits wieder auffüllen wollen, stellt StRM zwei Arten von Nachschubprozessen bereit. Das System erstellt zuerst einen **Transportbedarf**, den Sie anschließend in einen **Transportauftrag** umsetzen.

Damit Sie Nachschubfunktionen einsetzen können, muss im StRM eine Bewegungsart für Lagertypen definiert und einer Fixplatz-Einlagerungsstrategie zugeordnet sein. Die SAP-Standardauslieferung stellt Ihnen mit der StRM-*Bewegungsart 319 (Nachschub Produktion)* eine Vorlage zur Verfügung.

Nachschub für Fixlagerplätze

Bei diesem Prozess prüft das System die aktuelle Bestandssituation der Materialien nur auf einem bestimmten Lagerplatz. Wenn die vorhandene Menge unter die im Materialstamm hinterlegte Mindestmenge fällt, erstellt das System einen Transportbedarf. Der Bestand ist nach dem erfolgreich durchgeführten Transportauftrag auf die vorgegebene Höchstmenge aufgefüllt.

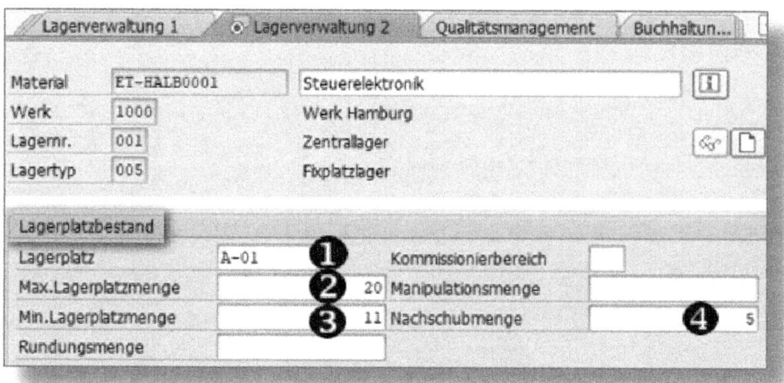

Abbildung 2.44: Nachschub – Fixlagerplätze

In der Abbildung 2.44 sehen Sie die zu pflegenden Felder im Materialstamm, Sicht »Lagerverwaltung 2«:

❶ LAGERPLATZ – Dieser Fixlagerplatz soll aufgefüllt werden.

❷ MAX. LAGERPLATZMENGE – Hier geben Sie ein, welche Gesamtmenge auf dem jeweiligen Lagerplatz auch unter Berücksichtigung der Nachschubmenge nicht überschritten werden darf.

❸ MIN. LAGERPLATZMENGE – Bei Unterschreitung dieser Menge wird vom System der Nachschubprozess angestoßen.

❹ NACHSCHUBMENGE – Um das Lager bis zur MAX. LAGERPLATZMENGE aufzufüllen, verwendet das System diese Menge bzw. genau ein Vielfaches von ihr.

Die Felder ❷, ❸ und ❹ werden immer in der Basismengeneinheit geführt.

Der *Nachschub für Fixplätze* wird mit der Transaktion *LP21* (gemäß Lagerplatzsituation) aufgerufen.

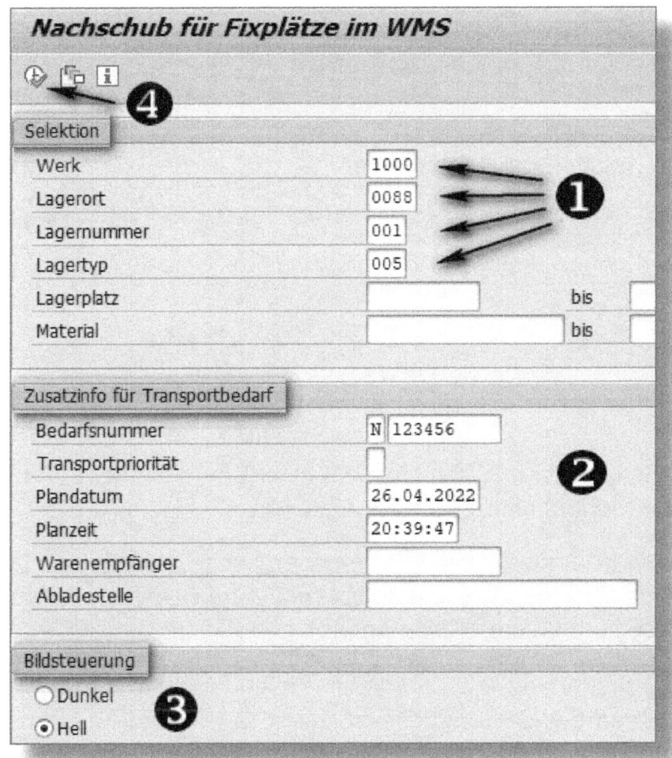

Abbildung 2.45: Nachschub Fixplätze – Einstieg

Abbildung 2.45 zeigt die relevanten Felder:

❶ Geben Sie WERK, LAGERORT, LAGERNUMMER und LAGERTYP ein.

❷ Die Felder für Zusatzinformationen füllen Sie gemäß Bedarf aus. Je nach Einstellung werden Sie vom System aufgefordert, eine BEDARFSNUMMER einzugeben.

❸ Schalten Sie die BILDSTEUERUNG auf *hell*.

❹ Klicken Sie auf den Button »Ausführen«.

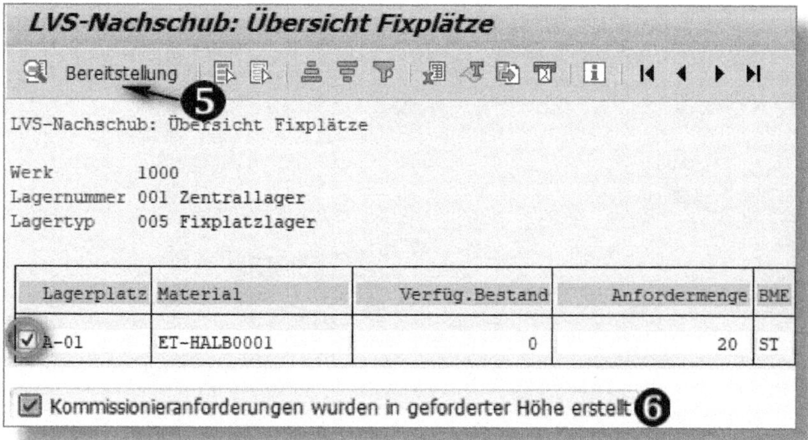

Abbildung 2.46: Nachschub Fixplätze – Durchführung

Nach dem Einstieg folgt ein Bildschirm mit einer Übersicht der zu bearbeitenden Nachschubbedarfe (Abbildung 2.46):

❺ Wenn Sie alle Kommissionieranforderungen ausgewählt haben, in unserem Beispiel eine Zeile, dann klicken Sie auf BEREITSTELLUNG und vergessen bitte nicht zu sichern (💾).

❻ Ein Transportbedarf für die erforderliche Menge wurde angelegt, und Sie können die Bearbeitung mit dem Transportauftrag fortsetzen.

Nachschubplanung für Fixlagerplätze

Bei diesem Prozess prüft das System die Bestandssituation **vorausschauend**, d. h., zusätzlich zum aktuellen Bestand berücksichtigt es auch geplante Auslagerungen aufgrund anstehender Lieferungen mit Fixplatzkommissionierung. Die Berechnung erfasst den gesamten Lagertyp und ist nicht nur auf einen einzelnen Lagerplatz bezogen.

Im Gegensatz zum Nachschub für Fixlagerplätze wird hier bei der Erstellung des Transportauftrags der Nach-Lagerplatz aus der **Einlagerungsstrategie** ermittelt. Folglich müssen Sie in der Sicht »Lagerverwaltung 2« keinen Lagerplatz eingeben, siehe ❶ in Abbildung 2.47.

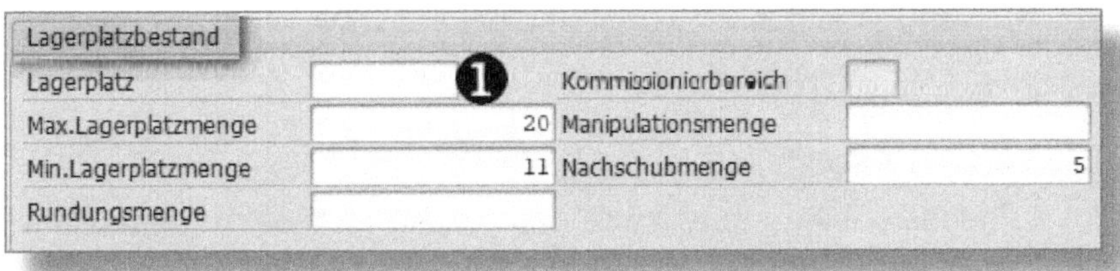

Abbildung 2.47: Nachschubplanung – Fixlagerplätze

Die Nachschubplanung für Fixlagerplätze wird mit der Transaktion *LP24* (für chaotisches Lager) aufgerufen. Die erforderlichen Eingaben führen Sie durch wie in Abbildung 2.45 und Abbildung 2.46 ersichtlich.

2.4.3 Umbuchungen

In der Regel führt eine Umbuchung nur eine buchhalterische Änderung von Materialbeständen durch. Eine physische Umlagerung findet gewöhnlich nicht statt. Klassische Fälle von Umbuchungen liegen etwa vor, wenn Sie Material in den Sperr- oder Qualitätsprüfbestand setzen.

Umbuchungen werden meist in der Bestandsführung (MM-IM) angestoßen. Wenn das Material StRM-relevant ist, wird der Vorgang vom System weitergeleitet, und die Lagerbuchungen selbst werden je nach Einstellung automatisch oder manuell ausgeführt.

Aber auch physische Warenbewegungen können eine Umbuchung vonseiten des StRM erforderlich machen, z. B. wenn in die **Umbuchungsschnittstelle** verlagert wird.

In den folgenden Absätzen lernen Sie die wichtigsten Umbuchungsarten im StRM kennen.

Sperrbestand

Aus Sicht von StRM sind zwei Arten zu sperren relevant:

- auf Lagerplatzebene nur im StRM oder
- auf Bestandsebene im StRM und MM-IM, wobei der Anstoß vom StRM kommt.

Sperren nur im StRM

Im Folgenden zeige ich beispielhaft, wie Sie Material mit der Transaktion *LS06* vom freien in den gesperrten Bestand umbuchen. Dabei wird im StRM nur der **Lagerplatz** für Ein-/Auslagerungen gesperrt. Die Sperre ist in der Bestandsführung (MM-IM) nicht sichtbar.

In Abbildung 2.48 sehen Sie den Start des Vorganges mit der Transaktion *LS06*.

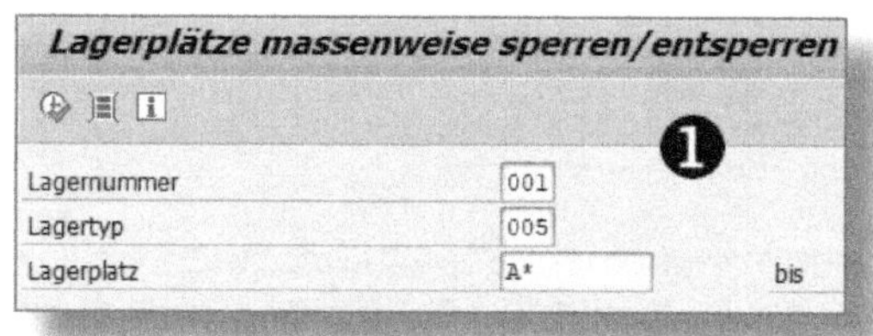

Abbildung 2.48: Sperren im StRM – Start

Geben Sie LAGERNUMMER, LAGERTYP und optional LAGERPLATZ von/bis ein ➊ (generische Eingabe mit »*« ist möglich). Klicken Sie anschließend auf »Ausführen« .

In Abbildung 2.49 sehen Sie den Sperr-/Entsperr-Vorgang mit Detaileingaben im Pop-up.

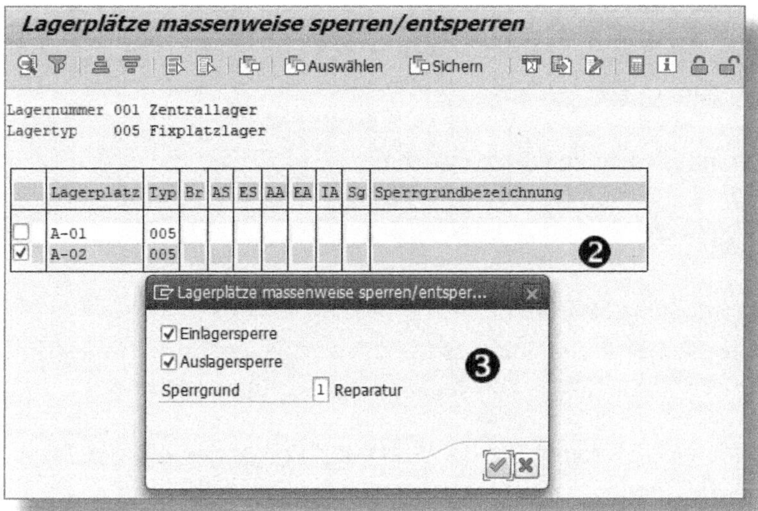

Abbildung 2.49: Sperren im StRM – Bearbeiten

Zuerst haken Sie die Zeile(n), die Sie auswählen wollen, an ❷ und klicken dann auf »Sperren« oder »Entsperren«.

Es erscheint ein Pop-up, auf dem Sie die gewünschten Sperren anhaken ❸. Außerdem wird ein Sperrgrund verlangt. Mit der F4-Taste (Wertehilfe) sehen Sie die im System vorgegebenen Möglichkeiten. Bestätigen Sie mit der »Weiter«-Taste ✔.

Sie gelangen zum ursprünglichen Bearbeitungs-Bildschirm (Abbildung 2.50).

Lagernummer 001 Zentrallager
Lagertyp 005 Fixplatzlager

	Lagerplatz	Typ	Br	AS ❹	ES ❺	AA	EA	IA	Sg ❻	Sperrgrundbezeichnung
☐	A-01	005								
☐ *	A-02	005		X	X				1	Reparatur

Abbildung 2.50: Sperren im StRM – Sichern

Die Sperrkennzeichen für Auslagerung (AS) ❹ und Einlagerung (ES) ❺ sind gesetzt. Ebenso ist die 1 für den ausgewählten Sperrgrund *Reparatur* ❻ sichtbar.

Vergessen Sie nicht, mit 💾 zu sichern!

Es erscheint die Meldung 1 LAGERPLÄTZE WURDEN VERÄNDERT.

Sperren StRM und MM-IM

Im vorigen Absatz haben Sie das Quant im Lager gesperrt. Nun setzen Sie über StRM das Sperrkennzeichen in der Bestandsführung.

In Abbildung 2.51 sehen Sie den Start des Vorganges mit der Transaktion *LQ02*.

Abbildung 2.51: Sperren im StRM und IM – Einstieg

Geben Sie LAGERNUMMER, LAGERTYP und optional LAGERPLATZ von/bis ein ❶. Zusätzlich ist hier die BESTANDSQUALIFIKATION *S* und die WM-BEWEGUNGSART *944* (Umbuchung in Sperrbestand WM/IM) erforderlich.

Klicken Sie anschließend auf »Ausführen« .

Das System zeigt Ihnen folgende Information an: BESTANDSQUAL. WIRD ANALOG BEWEGUNGSART UMGESETZT. Bestätigen Sie mit der »Weiter«-Taste ✔.

In Abbildung 2.52 sehen Sie die Übersicht für den Umbuchungsvorgang.

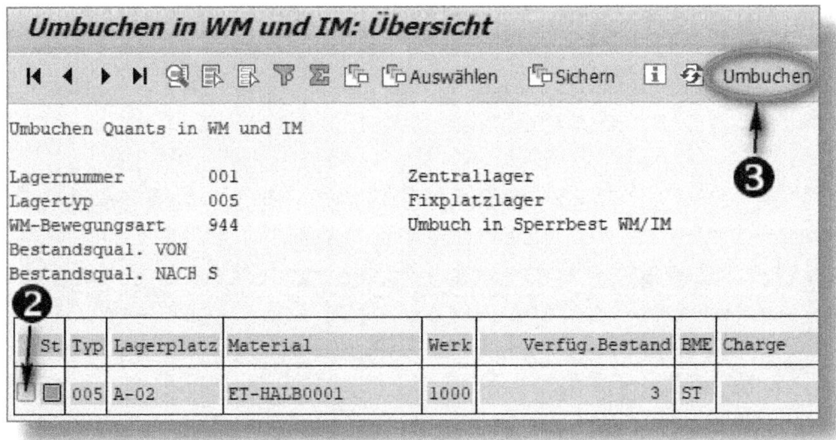

Abbildung 2.52: Sperren im StRM und IM – Übersicht

Haken Sie hier die Zeile(n) an, die Sie auswählen wollen ❷. Klicken Sie dann auf UMBUCHEN ❸.

Ein grüner Balken auf der ausgewählten Zeile bestätigt Ihnen die erfolgreiche Umbuchung.

Sollte ein Fehler auftreten – erkennbar am roten Balken in der ausgewählten Zeile –, müssen Sie diesen vor der Weiterverarbeitung beheben. Es sind zu diesem Zeitpunkt noch keine Updates durchgeführt worden.

Mit der Transaktion *LX03* können Sie den LAGERSPIEGEL aufrufen und das Ergebnis prüfen (Abbildung 2.53).

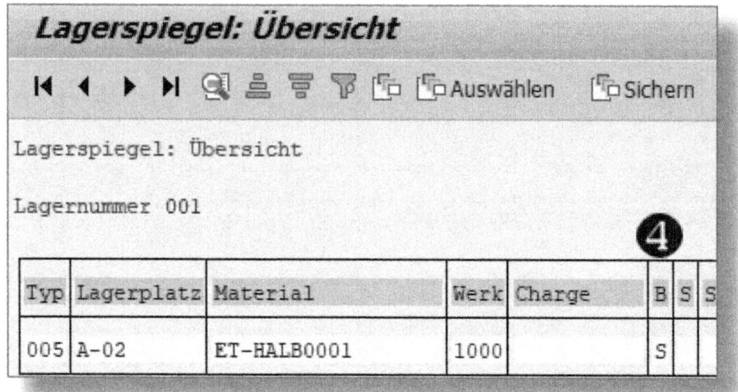

Abbildung 2.53: Sperren im StRM und IM – Lagerspiegel

StRM kennzeichnet den gesperrten Bestand mit der Bestandsqualifikation *S* ❹.

☛ Veranlassen von Umbuchungen

Sie können die Umbuchung von gesperrtem Bestand sowohl in der Bestandsführung MM-IM als auch im StRM veranlassen.

Qualitätsprüfbestand

Ein frei verwendbares Material können Sie aus verschiedenen Gründen in den Qualitätsprüfbestand buchen, z. B. beim Wareneingang, wenn Waren im Lager beschädigt wurden oder technische Prüfungen notwendig sind.

Sie können die Umbuchung sowohl in der Bestandsführung als auch im StRM anstoßen – es sei denn, das Material ist vom *Qualitäts-*

management (QM) verwaltet. In diesem Fall erfolgt die Umbuchung ausschließlich aus dieser Komponente heraus.

Ein Beispiel einer Wareneingangsbuchung auf den *Qualitätsprüfstand* wurde bereits im Abschnitt 2.2.4 gezeigt.

Bestände von »Q« in »frei verwendbar« umbuchen

Im aktuellen Abschnitt möchte ich Ihnen die Freigabe aus dem Qualitätsprüfstand detailliert zeigen. Sie ändern dabei über StRM das Kennzeichen *Qualitätsprüfbestand* mit der Bewegungsart *321* wieder in freien Bestand.

Rufen Sie dazu die Transaktion *LS24* auf (Abbildung 2.54).

Bestände zum Material

Auswählen Sichern ABC

```
Lagernummer          001        Zentrallager
Material             ET-ROH0001 Rohstoff1
Werk                 1000

Bestände zum Material

Typ Lagerplatz   BQ SB ES AS      Gesamtbestand      Verfüg.Bestand MEH WE-Datum
LOrt Charge      NF IA EA AA   Einzulag. Bestand  Auszulag. Bestand Zeugnis-Nr

902 4500017529   Q                            7                   7 ST  21.03.2022
0088                                          0                   0
902 4500017529                                3                   3 ST  21.03.2022
0088                                          0                   0
902 4500017537   Q                            5                   5 ST  06.05.2022
0088                                          0                   0
```

❶

Abbildung 2.54: Umbuchen Qualitätsprüfbestand – Ausgangspunkt

Das Material im Qualitätsprüfbestand, wie in der markierten Zeile ❶ ersichtlich, kann wieder in den »frei verwendbaren« Bestand übernommen werden.

Der Umbuchungsvorgang beginnt mit dem Einstieg in die Transaktion *LU01* (Umbuchungsanweisung anlegen), oder Sie verwenden den Pfad: SAP MENÜ • LOGISTIK • LOGISTICS EXECUTION • LAGERINTERNE PROZES-

SE • UMBUCHUNG • ÜBER BESTANDSFÜHRUNG • UMBUCHUNGSANWEISUNG • ANLEGEN.

Für unser Beispiel geben Sie die LAGERNUMMER *001* und BEWEGUNGSART *321* ein.

Sie gelangen ins Positionsbild aus Abbildung 2.55.

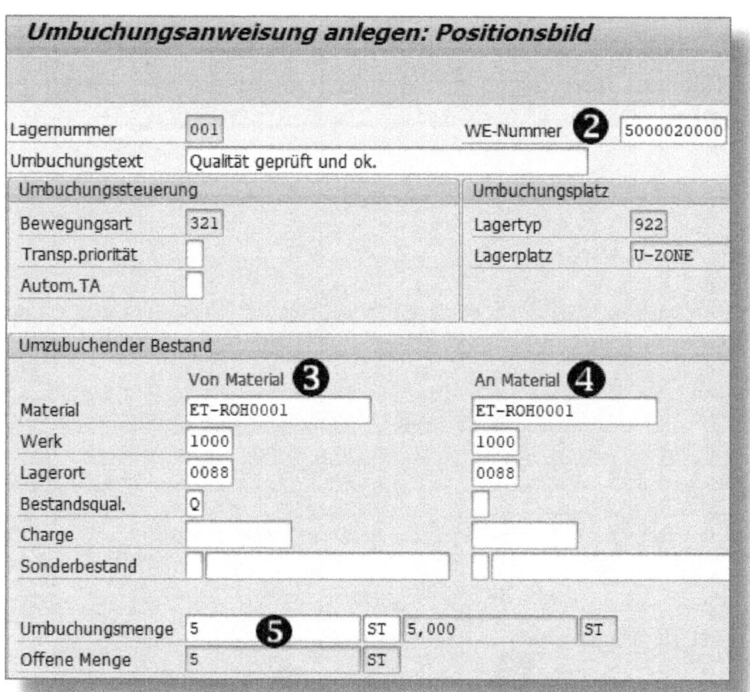

Abbildung 2.55: Umbuchen Qualitätsprüfbestand – Position

Die Eingabe der Belegnummer ❷, mit der der Wareneingang im Bestandsführungssystem gebucht wurde, ist optional.

Unter UMZUBUCHENDER BESTAND füllen Sie unter VON MATERIAL ❸ die Felder MATERIAL, WERK, LAGERORT und BESTANDSQUAL. *(Q)* aus.

Genauso gehen Sie unter AN MATERIAL ❹ vor. Doch muss hier die BESTANDSQUALIFIKATION leer sein (das bedeutet, das Material ist »frei verwendbar«).

Die UMBUCHUNGSMENGE ❺ könnte auch eine Teilmenge sein.

Als nächsten Schritt erstellen Sie einen Transportauftrag mit der Transaktion *LU04* aus einer Liste mit Umbuchungsanweisungen.

Bei der Übersicht im Einstieg benötigen Sie zwingend die LAGERNUMMER. STATUS OFFEN muss angehakt sein. Wie meistens, können Sie die Selektion verfeinern, um eine kürzere Liste zu erzeugen.

Abbildung 2.56 zeigt die Umbuchungsliste.

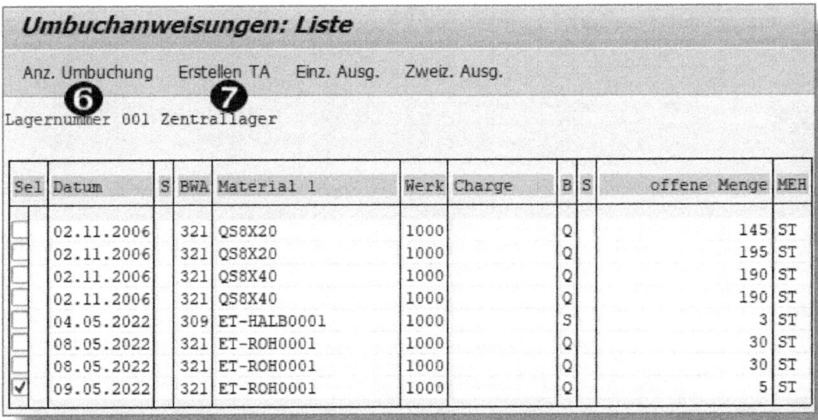

Umbuchanweisungen: Liste

Anz. Umbuchung ❻ Erstellen TA ❼ Einz. Ausg. Zweiz. Ausg.

Lagernummer 001 Zentrallager

Sel	Datum	S	BWA	Material 1	Werk	Charge	B	S	offene Menge	MEH
☐	02.11.2006		321	QS8X20	1000		Q		145	ST
☐	02.11.2006		321	QS8X20	1000		Q		195	ST
☐	02.11.2006		321	QS8X40	1000		Q		190	ST
☐	02.11.2006		321	QS8X40	1000		Q		190	ST
☐	04.05.2022		309	ET-HALB0001	1000		S		3	ST
☐	08.05.2022		321	ET-ROH0001	1000		Q		30	ST
☐	08.05.2022		321	ET-ROH0001	1000		Q		30	ST
☑	09.05.2022		321	ET-ROH0001	1000		Q		5	ST

Abbildung 2.56: Umbuchen Qualitätsprüfbestand – Liste

Markieren Sie die gewünschte Zeile. Optional können Sie mit einem Klick auf ANZ. UMBUCHUNG ❻ detaillierte Informationen ansehen.

Fahren Sie fort mit einem Klick auf ERSTELLEN TA ❼. Sie gelangen zur BESTANDSÜBERSICHT (Abbildung 2.57).

Bearbeiten Umbuchung: Bestandsübersicht

Umbuchungsnr	45		WE-Nummer	5000020000
Offene Menge	5	ST	Prüflos	0
Umbuchungstext	Qualität geprüft und ok.			

Umbuchunsdaten

	Material	Werk	LOrt	Charge	B	S	Sonderbestand-Nr
Von	ET-ROH0001	1000	0088		Q		
An	ET-ROH0001	1000	0088				

Bestände in Lagertypen

Typ	Lagertypbezeichnung	Verfügbare Menge	Einzulagernde Mng
❽ 902	WE-Zone Fremdzugänge	7	0

Abbildung 2.57: Umbuchen Qualitätsprüfbestand – Bestandsübersicht

Bestätigen Sie die Zeile mit dem Lagertyp, aus dem die Menge in den freien Bestand umgebucht werden soll ❽. (Hier wird mehr VERFÜGBARE MENGE angezeigt, weil von einer früheren Bestellung noch 2 Stück auf »Q« liegen.)

Sichern Sie Ihre Bearbeitung mit 💾.

Danach erscheint der Bildschirm zur weiteren Bearbeitung (Abbildung 2.58).

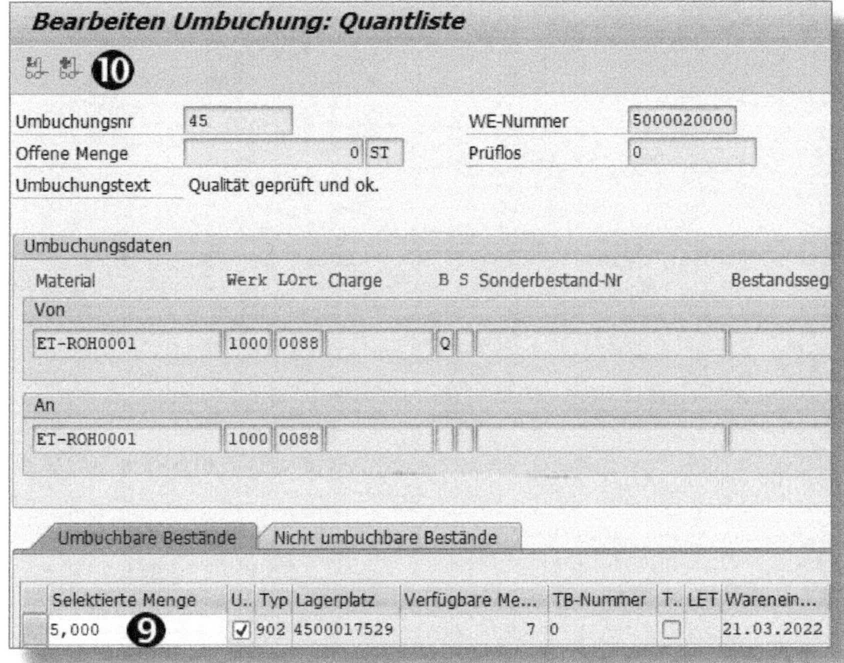

Abbildung 2.58: Umbuchen Qualitätsprüfbestand – Quantliste

Eventuell wollen Sie noch die Menge anpassen ❾.

Sie können optional »Umbuchen hell« oder »Umbuchen dunkel« auswählen ❿.

Sichern Sie Ihre Bearbeitung mit in der Symbolleiste. In der Fußzeile erscheint die Meldung TRANSPORTAUFTRAG 0000000257 WURDE ANGELEGT.

Die Buchung können Sie mit der Transaktion *LT21* überprüfen (Abbildung 2.59).

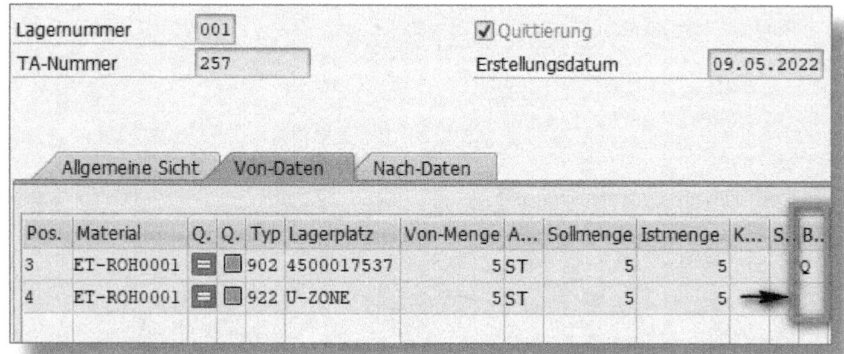

Pos.	Material	Q.	Q.	Typ	Lagerplatz	Von-Menge	A...	Sollmenge	Istmenge	K...	S..	B..
3	ET-ROH0001			902	4500017537	5	ST	5	5			Q
4	ET-ROH0001			922	U-ZONE	5	ST	5	5			

Abbildung 2.59: Umbuchen Qualitätsprüfbestand – Ergebnis

Vom Durchführungsbeispiel zeige ich Ihnen das Ergebnis im Reiter VON-DATEN. Sie sehen, wie 5 Stück des MATERIALS *ET-ROH0001* zunächst vom Lager-TYP *902* mit dem dynamischen LAGERPLATZ *4500017537* aus der gleichnamigen Bestellung auf den Lager-TYP *922 (U-ZONE)* gebucht wurden. Das Feld mit dem Bestandskennzeichen ist leer, d. h., das Material ist frei verwendbar. In der zweiten Position wurde es wieder zum ursprünglichen Lagertyp »902« umgebucht, das wäre im Reiter NACH-DATEN zu sehen (hier nicht abgebildet).

Umbuchung Material an Material

Wenn sich wesentliche Eigenschaften eines Materials so ändern, dass sie von denen des ursprünglichen Materials stark abweichen, muss ein neuer Materialstamm dafür angelegt werden. Sie buchen dann entweder den kompletten Bestand oder aber einen Teil davon auf die neue Materialnummer um.

In der Standardauslieferung ist die Bewegungsart *309* für die Umbuchung von Material an Material voreingestellt.

Zuerst legen Sie mit der Transaktion *MM01* den neuen Materialstamm an. Am besten nehmen Sie den alten Stamm als Vorlage und bessern die neuen, abweichenden Eigenschaften aus.

Sonst läuft die Buchung analog der im vorigen Kapitel beschriebenen Umbuchung vom Qualitätsprüfbestand in den frei verwendbaren Bestand ab. Der einzige Unterschied ist, dass Sie die Bewegungsart *309* verwenden.

Abbildung 2.60 zeigt beispielhaft das Ergebnis mit dem gebuchten Transportauftrag in der Transaktion *LT21* (der Screenshot gibt nur das Wesentliche wieder).

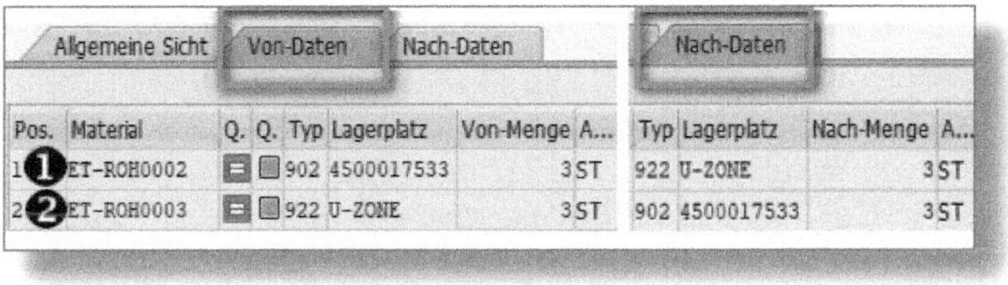

Allgemeine Sicht | Von-Daten | Nach-Daten | Nach-Daten

Pos.	Material	Q.	Q.	Typ	Lagerplatz	Von-Menge	A...	Typ	Lagerplatz	Nach-Menge	A...
1 ❶	ET-ROH0002			902	4500017533	3	ST	922	U-ZONE	3	ST
2 ❷	ET-ROH0003			922	U-ZONE	3	ST	902	4500017533	3	ST

Abbildung 2.60: Umbuchen Material an Material

❶ Vom alten Material ET-ROH0002 werden 3 Stück in einem ersten Schritt vom Lagertyp 902 auf die Umbuchungszone 922 gebucht.

❷ Danach werden vom neuen MATERIAL *ET-ROH0003* 3 Stück aus der Umbuchungszone *922* auf den ursprünglichen LAGERPLATZ *4500017533* gebucht.

Im StRM entstehen aufgrund dieser Umbuchungsanweisung ein negatives Quant für die alte Materialnummer sowie ein positives für die neue Materialnummer.

Umbuchung Lagerort an Lagerort

Wenn Warenbewegungen innerhalb eines Lagerkomplexes zwischen mehreren Lagerorten stattfinden und Sie die Buchungen ausschließlich von der Bestandsführung (MM-IM) anstoßen, sind im StRM keine zusätzlichen Customizing-Einstellungen erforderlich. Wir konzentrieren uns hier auf typische Fälle, die vom Lager (StRM) durchgeführt werden.

Bestandsbewegung von der WE-Zone

Sie wollen Waren von der Wareneingangszone (WE-Zone, Schnittstellenlagertyp *902*), die dem Lagerort *0088* (Zentrallager WM) zugeordnet ist, in das Regallager (Lagertyp *005*) einlagern, das dem Lagerort *0006* (Außenlager) zugeordnet ist.

Die Ware wird also vom Lagerort *0088* auf *0006* umgelagert. Gründe dafür sind in der Regel buchhalterische und logistische Anforderungen in der Bestandsführung. Außerdem wird für die *Verfügbarkeitsprüfung* der Überblick über den im Lager tatsächlich verfügbaren Warenbestand gewährleistet.

Sie müssen im System, zusätzlich zu den bereits bestehenden Einstellungen für Lagerort *0088* (Zentrallager WM), die Voraussetzungen hierfür schaffen. Prüfen Sie, ob die nachfolgend beschriebenen Einstellungen vorgenommen wurden, bzw. holen Sie das nach:

1. Den Lagerort *0088* des Werks *1000* haben Sie bereits der Lagernummer *001* zugeordnet.

2. Das Gleiche tun Sie, falls noch nicht geschehen, mit dem Lagerort *0006*, der für uns beispielhaft das Außenlager darstellt, zugeordnet dem Werk *1000* und der Lagernummer *001*. Verwenden Sie dazu den Customizing-Pfad SPRO • UNTERNEHMENSSTRUKTUR • ZUORDNUNG • LOGISTICS EXECUTION • LAGERNUMMER ZU WERK/LAGERORT ZUORDNEN (Abbildung 2.61).

Sicht "Lagerort MM-IM <-> Lagernummer LE-WM"

Neue Einträge

Werk	LOrt	LNr	Lagernummernbezeichnur
1000	0006	001	Zentrallager
1000	0009	009	TRM Lager
1000	0088	001	Zentrallager

Abbildung 2.61: Umbuchung Lagerort an Lagerort – Zuordnen 1

3. Über den Customizing-Pfad SPRO • Logistics Execution • Lagerverwaltung • Schnittstellen • Bestandsführung • Lagerortsteuerung definieren • Steuerung zur Zuordnung »Werk/Lagerort – Lagernummer« muss der Lagerort *0006* als Standardlagerort definiert sein (Abbildung 2.62).

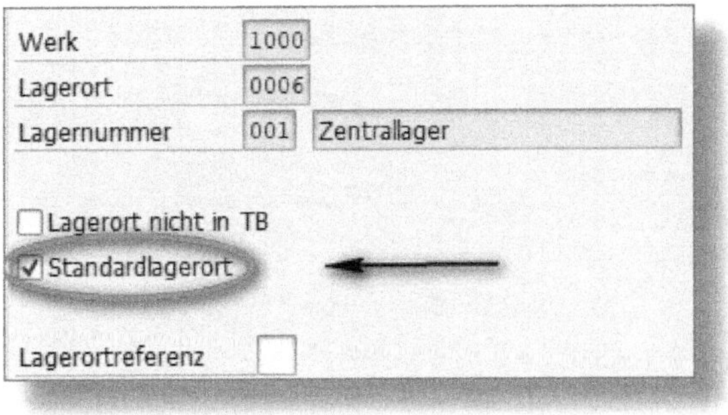

Abbildung 2.62: Umbuchung Lagerort an Lagerort – Zuordnen 2

4. Der Lagerort *0088* wird so definiert, dass das System ihn nicht in den Transportbedarf übernimmt. Das geschieht über den Customizing-Pfad SPRO • Logistics Execution • Lagerverwaltung • Schnittstellen • Bestandsführung • Lagerortsteuerung definieren • Steuerung zur Zuordnung »Werk/Lagerort – Lagernummer« (Abbildung 2.63).

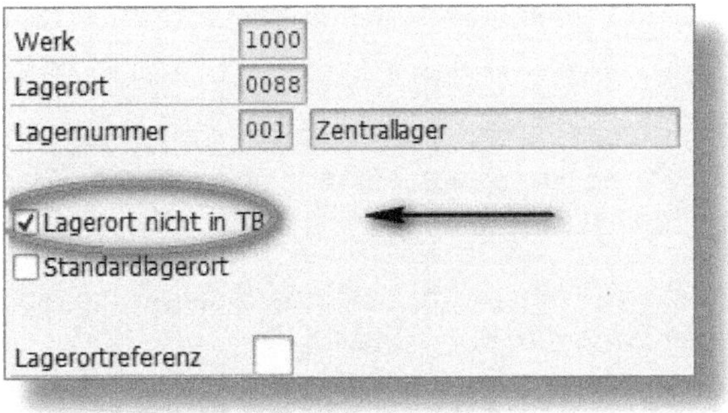

Abbildung 2.63: Umbuchung Lagerort an Lagerort – Zuordnen 3

5. Den Schnittstellenlagertyp *902* richten Sie so ein, dass das System den Bestand dieses Lagertyps dem Lagerort *0088* zuordnet und Umbuchungen von Lagerort an Lagerort kumuliert durch den Re-

port *RLLQ0100* (Umbuchen: Lagerort an Lagerort in der Bestandsführung) stattfinden. Einschlägig ist der Customizing-Pfad SPRO • Logistics Execution • Lagerverwaltung • Schnittstellen • Bestandsführung • Lagerortsteuerung definieren • Lagerortsteuerung in der Lagerverwaltung, siehe Abbildung 2.64.

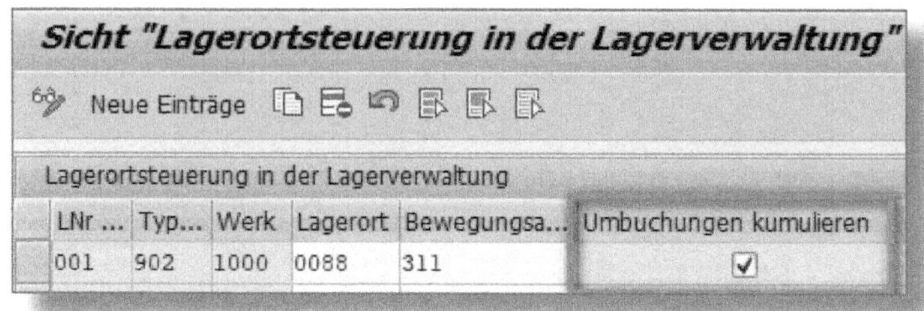

Abbildung 2.64: Umbuchung Lagerort an Lagerort – Zuordnen 4

Sobald die Customizing-Einstellungen stimmen, führen Sie die Bestandsbewegung mit Buchung vom Lagerort *0088*/Schnittstellenlagertyp *902* in das Außenlager *0006*/Lagertyp *002* (Regallager) durch.

Das läuft im Einzelnen ab wie folgt:

1. Sie buchen in der Bestandsführung (MM-IM) einen Wareneingang zur Bestellung Nr. *4500004711*.
2. Das System bucht den Wareneingang auf den Lagerort *0088* des Werks *0001*.
3. Das System erzeugt aufgrund der Wareneingangsbuchung im StRM ein positives Quant auf der Wareneingangsschnittstelle *902* für den dynamischen Lagerplatz *4500004711*.
4. Das System erstellt einen Transportbedarf zur Einlagerung auf Grundlage der Wareneingangsbuchung im MM-IM.
5. Der Transportbedarf hat keinen Bezug zu einem Lagerort, da Sie das im Customizing entsprechend eingestellt haben (siehe Abbildung 2.63).

6. Sie erstellen auf Grundlage des Transportbedarfs einen Transportauftrag (TA) zur Einlagerung des eingegangenen Materials.
7. Das System erzeugt mit der Erstellung des TAs ein negatives Quant auf der Wareneingangsschnittstelle *902* zum Lagerplatz *4500004711*, dessen Bestände Sie im Lagerort *0088* verwalten. Weiters entsteht noch ein positives Quant auf dem Nach-Lagerplatz innerhalb des Lagers, dessen Bestände Sie im Lagerort *0006* verwalten, sowie ein neuer Transportauftrag für den Standardlagerort *0006*.
8. Sie lagern das eingegangene Material von der WE-Zone in das Außenlager ein.
9. Der Lagermitarbeiter quittiert den Transportauftrag zur Einlagerung.
10. Das System führt die Umbuchungen für alle quittierten Einlagerungs-TAs von der WE-Zone ins Lager kumuliert durch.

Weitere Informationen finden Sie im Einführungsleitfaden unter SPRO • LOGISTICS EXECUTION • LAGERVERWALTUNG • SCHNITTSTELLEN • BESTANDSFÜHRUNG • LAGERORTSTEUERUNG DEFINIEREN.

Materialbereitstellung für die Produktion

In diesem Beispielszenario wollen Sie Material aus dem Regallager (Lagertyp *002*), dem Lagerort *0006* (Außenlager) zugeordnet, für die Produktion bereitstellen – Lagertyp *100* (Produktion) im Lagerort *0088*.

Das System erkennt eine Lagerort-übergreifende Bewegung und benötigt dafür Buchungen im StRM und in der Bestandsführung.

Auch hier wird, wie bei der Warenbewegung von der WE-Zone, für die Verfügbarkeitsprüfung der Überblick über den im Lager tatsächlich verfügbaren Warenbestand gewährleistet.

Sie müssen im System, zusätzlich zu den bereits bestehenden Einstellungen für Lagerort *0088* (Zentrallager WM), die nachfolgend beschriebenen Voraussetzungen, bezogen auf Werk *1000*, schaffen. Dabei gehen Sie analog vor wie im vorigen Beispiel »Bestandsbewegung von der WE-Zone« und nutzen auch die gleichen Customizing-Pfade:

1. Sie haben den Lagerort *0006* der Lagernummer *001* zugeordnet.
2. Sie haben den Lagerort *0088* der Lagernummer *001* zugeordnet.
3. Der Lagerort *0006* ist als Standardlagerort definiert.
4. Sie haben den Lagerort *0088* so definiert, dass das System diesen Lagerort nicht in den Transportbedarf übernimmt.
5. Der Produktionslagertyp *100* ist so eingerichtet, dass das System den Bestand dieses Lagertyps dem Lagerort *0088* zuordnet und Umbuchungen von Lagerort an Lagerort kumuliert stattfinden.

Die Produktionsbereitstellung läuft wie folgt ab:

1. Anstoß für die Materialbereitstellung ist der Fertigungsauftrag.
2. Für die Komponenten des Fertigungsauftrages haben Sie den Produktionslagerort *0088* festgelegt.
3. StRM erstellt einen Transportbedarf auf Grundlage des Fertigungsauftrages. Der Transportbedarf hat keinen Bezug zum Lagerort *0088*.
4. Sie erstellen auf Grundlage des Transportbedarfs einen Transportauftrag zur Materialbereitstellung in der Produktion. Das System bezieht den Transportauftrag auf den Standardlagerort *0006*, da der Transportbedarf keine Lagerortzuordnung enthält.
5. Ein Lagermitarbeiter stellt das Material für die Produktion bereit und quittiert den Transportauftrag zur Materialbereitstellung.
6. Es entsteht ein positives Quant für das bereitgestellte Material im Lagertyp *100* mit dem Lagerort *0006*.
7. Das System führt die Umbuchungen für alle quittierten Einlagerungs-TAs vom Außenlager in den Produktionslagerort kumuliert durch.

8. Das System löscht das Quant im Lagertyp *002* mit Lagerort *0006* und erzeugt ein neues Quant im Lagertyp *100* mit Lagerort *0088*.

2.5 Inventurabläufe

Der Prozess der Inventur (für ein Schema des Ablaufs siehe Abbildung 2.65) beginnt mit dem Erstellen der erforderlichen Zählblätter *(Inventurbelege)*. Nach Aktivierung dieser Belege können Sie die betroffenen Materialien während der Inventur für alle Arten von Materialbewegungen sperren. Die ausgedruckten Inventurbelege bilden im Lager die Basis für die eigentliche Inventur (Zählung) der angegebenen Materialien. Anschließend erfassen die verantwortlichen Teams das Zählergebnis und überprüfen es auf Abweichungen gegenüber den im System geführten Mengen. Die Inventurzählung kann so oft wiederholt werden, bis die endgültigen Zählergebnisse akzeptiert werden. Danach buchen Sie etwaige Inventurdifferenzen.

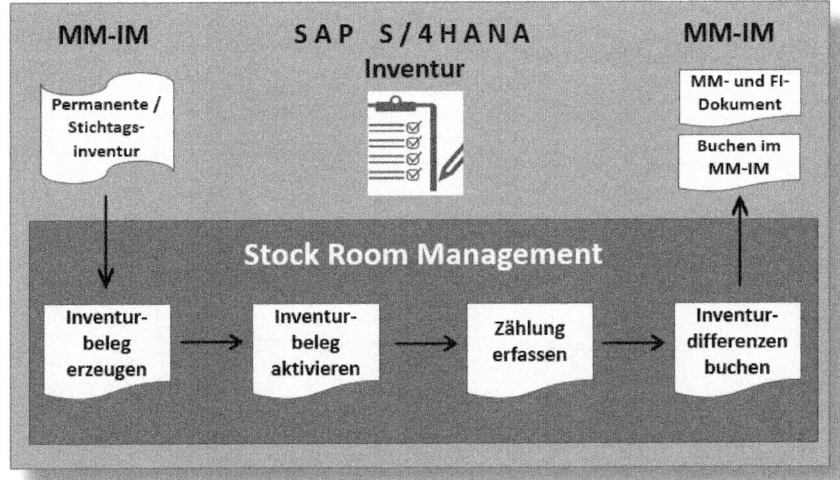

Abbildung 2.65: Inventur – Übersicht

Es gibt zwei prinzipiell unterschiedliche Inventurverfahren: die *Stichtagsinventur* und die *permanente Inventur*.

2.5.1 Stichtagsinventur

Die Stichtagsinventur findet innerhalb eines möglichst knapp bemessenen Zeitraums – in der Regel ein oder mehrere Tage – für ein komplettes Werk/Lager statt. Da während der Inventur alle Materialbewegungen gesperrt sind, kann nur ein extrem eingeschränkter Betrieb stattfinden. Daher wählt man dafür gerne die Zeit »zwischen den Feiertagen« bzw. einen anderen Termin, der den betriebswirtschaftlichen Anforderungen entspricht.

Im Folgenden erkläre ich als Beispiel die Durchführung einer Stichtagsinventur im Regallager, Lagertyp *002*.

Sie finden im Customizing-Pfad SPRO • LOGISTICS EXECUTION • LAGERVERWALTUNG • VORGÄNGE • INVENTUR die grundlegenden Einstellungen für:

- Vorschlagswerte
- Arten pro Lagertyp
- Differenzen
- Nummernkreise

Prüfen Sie, ob diese Einstellungen Ihren Anforderungen entsprechen.

Unter ARTEN PRO LAGERTYP DEFINIEREN stellen Sie ein, in welchem Lagertyp welche Form von Inventur stattfindet (Abbildung 2.66).

Sicht "Inventur pro Lagertyp" ändern: Übersicht

Invetur pro Lagertyp

LNr	Typ	Inventur	EinlagInv	NullkInv	Nullkontr	Cycle Co...	Lagertypbezeichnung
001	001	PZ	☐	☐	☐	☐	Hochregallager
001	002	ST	☐	☐	☐	☐	Regallager
001	003		☐	☐	☐	☐	Freilager
001	004		☐	☐	☐	☐	Blocklager

Abbildung 2.66: Inventur pro Lagertyp

In unserem Fall ist für den Lager-Typ *002* (Regallager) *ST* (Stichtagsinventur) vorgesehen.

Alle Transportaufträge quittieren!

Bevor Sie mit der Inventur beginnen, müssen alle offenen Transportaufträge der betroffenen Lagertypen quittiert sein.

Sie finden dazu im SAP Menü • Infosysteme • Allgemeine Berichtsauswahl • Logistics Execution • Lagerverwaltung • Transportaufträge die hilfreiche Transaktion *LT22* (Anzeigen Transportauftrag/Lagertyp). Von hier aus können Sie die offenen Transportaufträge quittieren.

Alle wichtigen Transaktionen für das Starten der Inventur finden Sie im SAP Menü • Logistik • Logistics Execution • Lagerinterne Prozesse • Inventur • In der Lagerverwaltung.

Zuerst **sperren Sie die betroffenen Lagertypen** mit der Transaktion *LI06* (Abbildung 2.67).

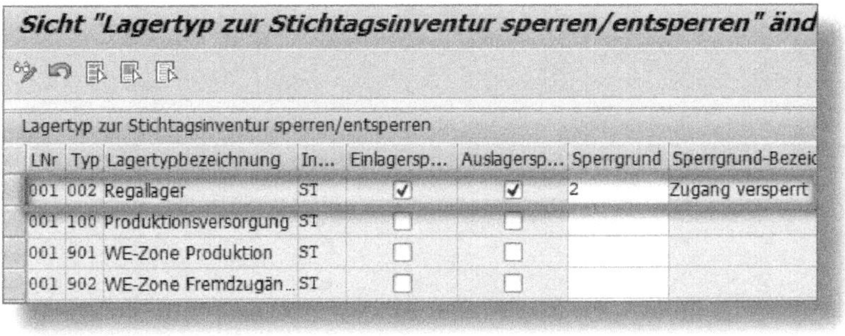

Sicht "Lagertyp zur Stichtagsinventur sperren/entsperren" änd

Lagertyp zur Stichtagsinventur sperren/entsperren

LNr	Typ	Lagertypbezeichnung	In...	Einlagersp...	Auslagersp...	Sperrgrund	Sperrgrund-Bezei
001	002	Regallager	ST	☑	☑	2	Zugang versperrt
001	100	Produktionsversorgung	ST	☐	☐		
001	901	WE-Zone Produktion	ST	☐	☐		
001	902	WE-Zone Fremdzugän...	ST	☐	☐		

Abbildung 2.67: Inventur – Lagertyp sperren

Setzen Sie Einlagersperre (Einlagersp...)und Auslagersperre (Auslagersp...). Die Auswahl eines Sperrgrundes ist verpflichtend. Ein anderer Sperrgrund könnte sein, wenn sich Material in Reparatur befindet. Sichern Sie Ihre Bearbeitung mit .

Inventurbeleg erzeugen und aktivieren

Mit der Transaktion *LX15* (Stichtagsinventur) erstellen und aktivieren Sie die Inventurbelege (Abbildung 2.68).

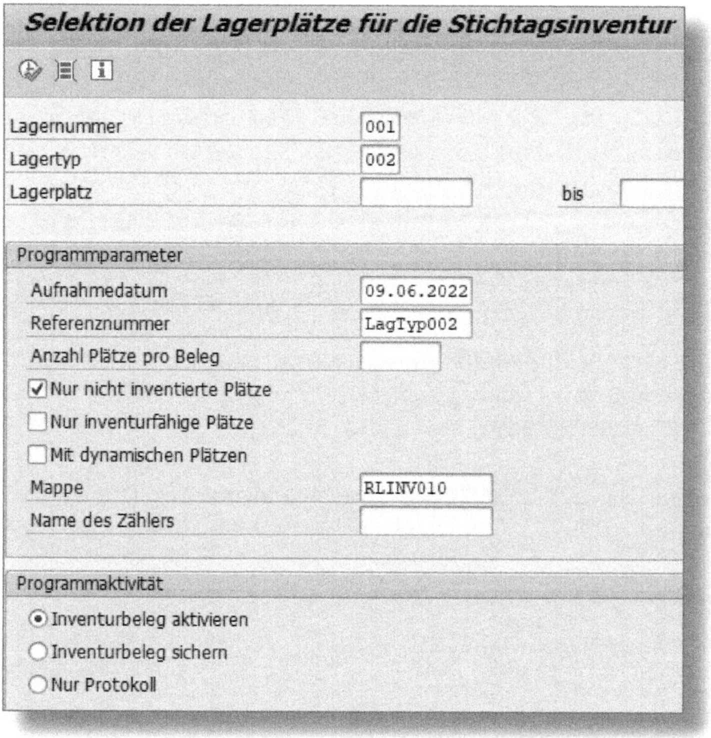

Selektion der Lagerplätze für die Stichtagsinventur

Lagernummer 001
Lagertyp 002
Lagerplatz bis

Programmparameter

Aufnahmedatum 09.06.2022
Referenznummer LagTyp002
Anzahl Plätze pro Beleg
☑ Nur nicht inventierte Plätze
☐ Nur inventurfähige Plätze
☐ Mit dynamischen Plätzen
Mappe RLINV010
Name des Zählers

Programmaktivität

◉ Inventurbeleg aktivieren
○ Inventurbeleg sichern
○ Nur Protokoll

Abbildung 2.68: Inventur – Einstieg

Geben Sie die erforderlichen Daten ein: LAGERNUMMER, LAGERTYP, evtl. LAGERPLATZ sowie eine REFERENZNUMMER – diese erleichtert es Ihnen, bei einer großen Anzahl von Inventurlisten den erforderlichen Überblick zu bewahren.

Das System schlägt einen Namen für die Batch-Input-MAPPE vor – mithilfe dieser Technik lassen sich automatisiert große Datenmengen abspielen.

Sie können den INVENTURBELEG gleich mit dem Abspielen der Mappe AKTIVIEREN – oder Sie SICHERN ihn und aktivieren ihn zu einem späteren Zeitpunkt mit der Transaktion *LX22*.

Fahren Sie fort mit dem »Ausführen«-Button. Sie sehen eine Übersicht Ihrer Selektion für die Stichtagsinventur (Abbildung 2.69).

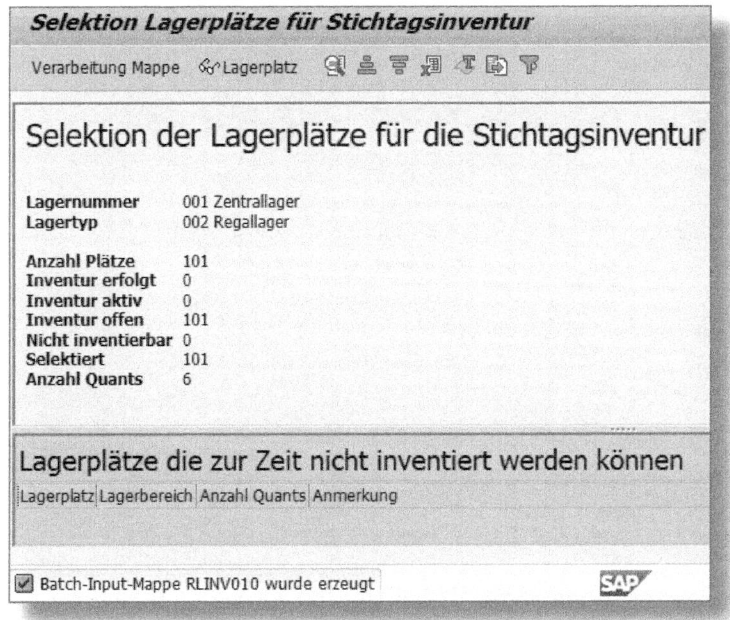

Abbildung 2.69: Inventur – Selektion Lagerplätze

Informativ sind vor allem die ANZAHL der betroffenen PLÄTZE sowie der QUANTS. Eventuell gibt es NICHT INVENTIERBARE Plätze (offener Transportauftrag), das liegt in Ihrem Ermessen.

Schließlich sehen Sie noch die Mappe RLINV010, die das System automatisch erzeugt hat.

Klicken Sie in der oberen Menüleiste auf VERARBEITUNG MAPPE. Sie gelangen in die MAPPENÜBERSICHT (Abbildung 2.70).

Abbildung 2.70: Inventur – Batch-Input

Markieren Sie die gewünschte/n Mappe/n und klicken auf »Abspielen« . Es erscheint ein Fenster, in dem Sie zu weiteren Entscheidungen aufgefordert werden, z. B. bezüglich des ABSPIELMODUS: Wollen Sie die Mappe SICHTBAR ABSPIELEN oder im HINTERGRUND? Wie auch immer, Basiswissen für *Batch-Input*-Bearbeitung ist erforderlich (in der SAP-Hilfe mit »*Batch-Input-Mappen*« suchen).

Sie können die Mappenübersicht, sofern Sie die entsprechende Berechtigung besitzen, auch jederzeit mit der Transaktion *SM35* aufrufen.

Als Nächstes erstellen Sie die *Inventuraufnahmeliste* mit der Transaktion *LI04* oder mit der Übersicht *LX22*, wie in Abbildung 2.71 gezeigt.

Abbildung 2.71: Inventur – Belege drucken

Wählen Sie die erforderlichen, noch nicht erstellten Belege aus und klicken auf DRUCKEN... Im Fenster ÜBERSICHT INVENTUR geben Sie den DRUCKER und einen Namen der Liste ein. Sodann entscheiden Sie, ob die Liste auch gleich gedruckt werden soll. Wenn viele Listen zeitlich versetzt erstellt werden, macht es Sinn, nicht sofort auszudrucken, sondern zu einem späteren Zeitpunkt gemeinsam (siehe nächster Absatz). Die übrigen Auswahlmöglichkeiten sind optional. Beenden Sie mit der »Weiter«-Taste ✔.

Verwalten/drucken Sie die Inventurlisten mit der Transaktion *SP01* (die Transaktion verwaltet Listen, die im System abgelegt sind) – Abbildung 2.72 zeigt einen Auszug aus einer Beispielliste.

```
        INVENTUR-AUFNAHME-LISTE FÜR STICHTAGSINVENTUR
        ===============================================

Lager-Nummer.:  001 Zentrallager                        Inventur Nr..:  17
Lager-Typ....:  002 Regallager                          Seite........:  1/4
Datum........:  09.06.2022                              Hauptzählung

Pos  Lagerplatz Werk Materialnummer.....    Charge....   Menge............. MEH
     Quantnum.  Lort Materialkurztext...    B S Sonderbestand

0001 01-01-01   1000 ET-ROH0004                          ________________   ST
     828        0088 Rohstoff4

0002 01-01-02                                            ________________
                     L E E R P L A T Z

0003 01-01-03                                            ________________
                     L E E R P L A T Z
```

Abbildung 2.72: Inventurliste für Stichtagsinventur

Zählung erfassen

Die Lagermitarbeiter führen für alle ausgewählten Lagerplätze die Zählung durch.

Im StRM erfassen Sie die Zählergebnisse mit der Transaktion *LI11N*.

In der Einstiegsmaske (Abbildung 2.73) geben Sie die LAGERNUMMER, den INVENTURBELEG und den NAMEN DES ZÄHLERS ein.

Zählergebnisse erfassen: Einstieg

Übersicht   Neue Position   Einzelerfassung

Lagernummer	001
Inventurbeleg	17
Nachzählversion	
Zähldatum	10.06.2022
Name des Zählers	EJ

Abbildung 2.73: Inventur – Zählung erfassen, Einstieg

Mit dem »Weiter«-Button ✔ gelangen Sie in die Übersicht (Abbildung 2.74):

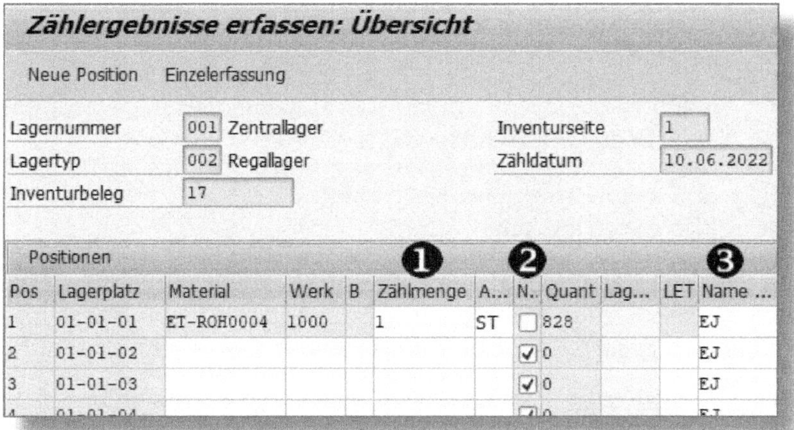

Abbildung 2.74: Inventur – Zählung, Übersicht

❶ Hier erfassen Sie die ZÄHLMENGE in der vorgegeben Mengeneinheit.

☛ Die im System geführte Bestandsmenge ist unsichtbar

SAP liefert standardmäßig keine Inventurlisten aus, in denen die im System geführte Bestandsmenge sichtbar ist. Die Gefahr, dass der zuständige Mitarbeiter sie nur abschreibt, ist damit nicht gegeben.

❷ **Nullbestand:** Sollte es sich um einen »Leerplatz« handeln, haken Sie dieses Feld an.

❸ Geben Sie hier den NAMEN des Zählers ein.

Schließen Sie Ihre Erfassung mit »Sichern« 💾 ab.

Es gibt noch zwei weitere Möglichkeiten, die Zählergebnisse zu erfassen. Ich will sie hier nur kurz erwähnen:

- Sie übernehmen Inventurzählergebnisse über das **IDoc WMIVID01** (genormte SAP-Schnittstelle) im StRM aus einer externen Quelle.
- Sie führen die Inventur mit **RF-Geräten** durch. Nähere Informationen finden Sie im Abschnitt 2.7.

Inventurdifferenzen buchen

Sobald Sie die Zählung und eventuelle Nachzählungen durchgeführt haben, buchen Sie im nächsten Schritt die Differenzen im StRM und anschließend in der Bestandsführung (MM-IM) aus.

> **Einschränkung beim Ausbuchen von Differenzen**
>
> Ausbuchen ist nur aus Lagertypen ohne Ein- und Auslagerungsstrategie erlaubt.

In Abbildung 2.75. sehen Sie einen Ausschnitt aus den Zählergebnissen im Lagertyp *002* (Regallager).

Zählergebnisse anzeigen: Übersicht

Andere Zählung

Lagernummer 001 Zentrallager
Lagertyp 002 Regallager
Inventurbeleg 23

Positionen

Pos	Lagerplatz	Material	Werk	Zählmenge	A...	N..	Quant	Name ...
1	01-01-01	ET-ROH0004	1000	1	ST	☐	828	JANITS
2	01-01-02			0,000		☑	0	JANITS
3	01-01-03	ET-ROH0004	1000	2	ST	☐	862	JANITS
4	01-01-04			0,000		☑	0	JANITS
5	01-01-05			0,000		☑	0	JANITS

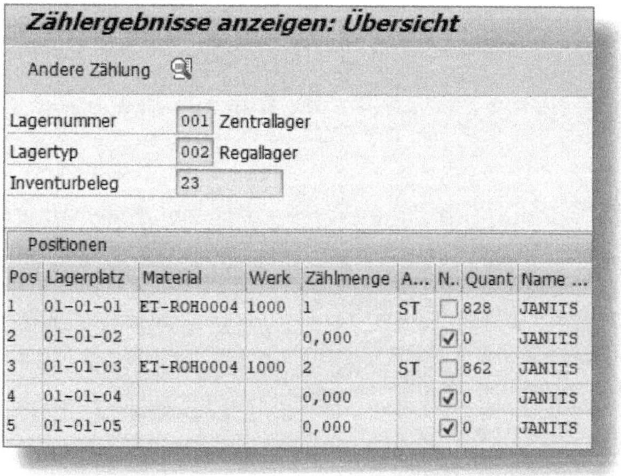

Abbildung 2.75: Inventur – Zählergebnis

In der Position 3 des Inventurbeleges *23* ist für LAGERPLATZ 01-01-03 die Zählmenge 2 Stück erfasst worden.

Mit der Transaktion *LI20* buchen Sie jetzt die Differenzen im StRM aus.

Es öffnet sich zunächst die Differenzenliste (Abbildung 2.76).

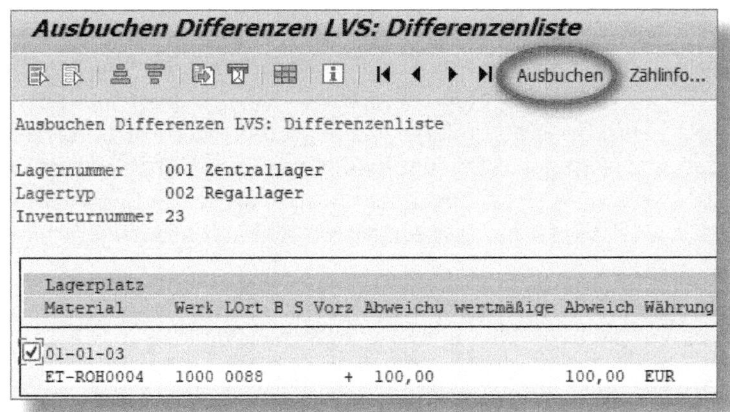

Abbildung 2.76: Inventurdifferenzen ausbuchen im StRM

Das System zeigt Ihnen eine Abweichung für LAGERPLATZ 01-01-03 an.

Markieren Sie die relevante/n Position/en und klicken auf AUSBUCHEN. Dadurch wird im Hintergrund für die Differenzen ein Transportauftrag mit der Bewegungsart *711* (Differenzen Abgang) oder *712* (Differenzen Zugang) angelegt.

Wenn Material verloren gegangen ist, entsteht auf der Differenzenschnittstelle *999* ein negatives Quant. Wenn Material aufgetaucht ist, entsteht dort ein positives Quant.

Das System entsperrt die Lagerplätze, diese stehen damit wieder für alle Lagerbewegungen zur Verfügung.

Mit der Transaktion *LI21* buchen Sie die Differenzen in der Bestandsführung aus, dabei gehen Sie analog wie bei der Transaktion *LI20* vor.

Ich habe den Ablauf in den Grundzügen beschrieben, allerdings ist hier nicht der Ort, um auf mögliche Fehler näher einzugehen – hier ist Erfahrung der zuständigen Mitarbeiter gefordert.

2.5.2 Permanente Inventur

Die permanente Inventur ist der Prozess der kontinuierlichen Validierung der Lagerbestände, indem regelmäßig ein bestimmter Teil des Inventars gezählt wird – mindestens einmal im Jahr, eventuell aber auch mehrmals. Oft wird bei einer solchen Zählung nach dem *ABC-Verfahren* vorgegangen. Material mit einem Indikator »A« wird am häufigsten gezählt, mit Indikator »C« am seltensten. Daher sollten Schnelldreher dem Indikator »A« und Langsamdreher dem Indikator »C« zugeordnet werden.

Im StRM können Sie folgende Inventurvarianten abwickeln:

- Permanente Stichtagsinventur
- Platzweise Cycle-Counting-Inventur
- Quantweise Cycle-Counting-Inventur

Permanente Stichtagsinventur

Sie verteilen die körperliche Bestandsaufnahme aller Lagerplätze über das Geschäftsjahr und führen die Inventur z. B. in Leerzeiten, die zu erwarten sind, oder zu beliebigen anderen Zeitpunkten durch. Dadurch können Sie ohne gleichzeitige körperliche Bestandsaufnahme (Stichtagsinventur) den am Abschlussstichtag in den Aufzeichnungen des StRM verzeichneten Lagerbestand verwenden.

Als Voraussetzung müssen Sie im Customizing das Feld INVENTUR, siehe Abbildung 2.66, auf *PZ* (permanente Stichtagsinventur) setzen.

Der Ablauf der permanenten Stichtagsinventur entspricht dem der Stichtagsinventur (Abschnitt 2.5.1).

Nach Abschluss der Inventur für das Geschäftsjahr setzen Sie die Inventurdaten für Lagerplätze mit dem Report *RLREOLPQ* zurück. Somit beginnt die nächste Inventurperiode mit einem initialen Status.

Platzweise Cycle-Counting-Inventur

Bei dieser Inventurart führen Sie die Zählung in regelmäßigen Abständen durch. Dabei kommt das ABC-Verfahren zur Anwendung.

Die Voraussetzungen hierfür schaffen Sie im Customizing der **Bestandsführung** und legen Inventurzyklen, Cycle-Counting-Kennzeichen und die Zuordnung in der Materialstammsicht »Werksdaten/Lagerung1« fest.

Im StRM müssen Sie im Customizing das Feld INVENTUR, siehe Abbildung 2.66, auf *PZ* (permanente Stichtagsinventur) setzen und zusätzlich das Feld CYCLE COUNTING anhaken.

Die Cycle-Counting-Inventur beginnen Sie mit der Erstellung der entsprechenden Inventurbelege im SAP MENÜ • LOGISTIK • LOGISTICS EXECUTION • LAGERINTERNE PROZESSE • INVENTUR • IN DER LAGERVERWALTUNG • INVENTURBELEG • ANLEGEN • CYCLE COUNTING (Transaktion *LX26*). Das System schlägt alle inventarisierbaren Lagerplätze für diese Art der Inventur vor.

Der restliche Ablauf der Cycle-Counting-Inventur entspricht dem der Stichtagsinventur, wie in Abschnitt 2.5.1 beschrieben.

Quantweise Cycle-Counting-Inventur

Hier zählen Sie nicht alle Materialien auf dem Lagerplatz, sondern nur ausgewählte Materialien. Wenn Sie Lagerplätze mit Mischbelegung führen, sind diese Lagerplätze für Lagerbewegungen mit anderen Quanten nicht gesperrt. D. h. Sie brauchen für solche Quanten die offenen Transportaufträge nicht zu quittieren und können auch während der Inventur neue TAs anlegen.

Im StRM müssen Sie als Voraussetzung im Customizing auch hier das Feld INVENTUR, siehe Abbildung 2.66, auf *PZ* (permanente Stichtagsinventur) setzen und zusätzlich das Feld CYCLE COUNTING anhaken.

Weiters ist ein eigener Nummernkreis erforderlich, zu finden im Einführungsleitfaden unter SPRO • LOGISTICS EXECUTION • LAGERVERWALTUNG • VORGÄNGE • INVENTUR • NUMMERNKREISE PFLEGEN.

Die quantweise Cycle-Counting-Inventur beginnen Sie mit der Erstellung der entsprechenden Inventurbelege im SAP MENÜ • LOGISTIK • LOGISTICS EXECUTION • LAGERINTERNE PROZESSE • INVENTUR • IN DER LAGERVERWALTUNG • INVENTURBELEG • ANLEGEN • CYCLE COUNTING QUANTWEISE (Transaktion *LICC*). Das System zeigt Ihnen alle inventarisierbaren Quanten mit dem jeweiligen Lagerplatz.

Der restliche Ablauf entspricht dem der Stichtagsinventur, wie in Abschnitt 2.5.1 beschrieben.

Permanente Inventur durch Auslagerung (Nullkontrolle)

Dieses Inventurverfahren dient zur Erhöhung der Bestandssicherheit und kann nur im Zusammenhang mit der **permanenten Stichtagsinventur** verwendet werden.

! Nullkontrolle – nicht für alle Lagertypen geeignet

Die Nullkontrolle eignet sich **nicht** für Lagertypen mit **Mischbelegung** oder für **Blocklager**.

Sie überprüfen die Lagerbestände, indem bei der Auslagerung im Falle eines Nullbestandes bzw. der Unterschreitung eines Restlimits via Vermerk auf dem Transportauftrag eine physische Kontrolle angestoßen wird.

Zusätzliche Stichtagsinventur ist eventuell notwendig

Wenn Sie die permanente Inventur durch Nullkontrolle einsetzen, kann es vorkommen, dass am Ende des Geschäftsjahres nicht alle Lagerplätze inventiert sind. Für alle noch nicht inventierten Lagerplätze führen Sie dann eine Stichtagsinventur durch.

Als Voraussetzung müssen Sie im Einführungsleitfaden unter SPRO • LOGISTICS EXECUTION • LAGERVERWALTUNG • VORGÄNGE • INVENTUR • ARTEN PRO LAGERTYP DEFINIEREN folgende Einstellungen vornehmen (siehe in Abbildung 2.77):

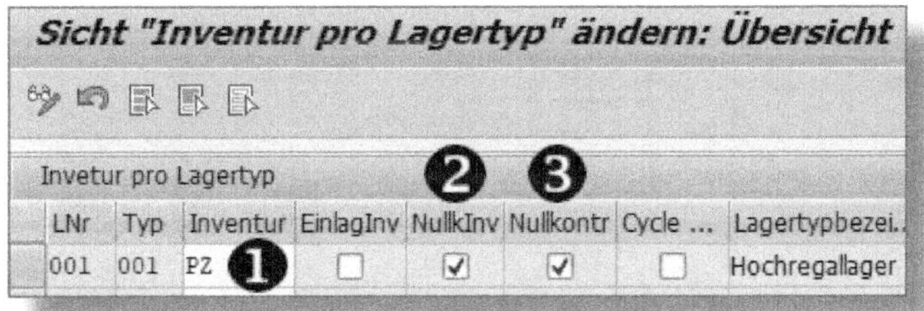

Abbildung 2.77: Inventur Lagertyp Nullkontrolle

❶ Sie wählen unter INVENTUR *PZ* (permanente Stichtagsinventur).

❷ Setzen Sie das Kennzeichen NULLKINV (permanente Inventur durch Nullkontrolle), um Nullkontrolle für diesen Lagertyp zu definieren. Damit muss die Inventur für Lagerplätze in diesem Lagertyp dann durchgeführt werden, wenn die Restmenge aus einem Platz ausgelagert wird.

❸ Durch das Kennzeichen Nullkontrolle (NULLKONTR) (als Folge des vorigen Kennzeichens ❷) steuern Sie, dass Im Falle der Nullkontrolle der Lagerplatz erst wieder für Einlagerungen genutzt werden kann, wenn die Nullkontrolle durchgeführt und bestätigt worden ist.

! Im StRM nicht unterstützte Inventurvarianten

Die **permanente Inventur durch Einlagerung** wird in der Regel in Verbindung mit automatischen Lagersystemen eingesetzt. Die dazu benötigte *LSR-Schnittstelle* (Verbindung zu Lagersteuerrechner) wird im StRM nicht mehr unterstützt.

Die **Stichprobeninventur,** die in der Bestandsführung (MM-IM) noch unterstützt wird, kann mit der Umstellung auf S/4HANA nur mehr bedingt (mit *Embedded EWM* und Add-ons) eingesetzt werden. Im **StRM** wird die Stichprobeninventur nicht mehr unterstützt.

2.6 Belege und Auswertungen

Die zwei wichtigsten Belege im StRM sind der Transportbedarf (TB), der zur Planung von Warenbewegungen dient, sowie der Transportauftrag (TA), der deren Ausführung bis zum Abschluss, der Quittierung, dokumentiert.

Außerdem haben Sie die Auswahl aus einer variantenreichen, fast unendlichen Fülle von möglichen *Auswertungen*, insbesondere mit der Transaktion *LL01* (Lagerleitstand).

2.6.1 Transportbedarfe

Der TB wird im StRM aufgrund einer Buchung in der Bestandsführung (MM-IM) erstellt. Dieses Dokument ist die Grundlage für eine Anfrage zur Durchführung einer bestimmten Aufgabe in der Lagerverwaltung.

Abhängig von der Konfiguration im System lässt sich der Transportbedarfsbeleg automatisch oder manuell generieren. Beispielsweise können Sie festlegen, dass beim Buchen eines Wareneingangs mit der Bewegungsart *101* (Wareneingang) StRM automatisch einen Transportbedarfsbeleg erzeugt. Abhängig von der Konfiguration der Lagerbewegungsart kann in der Lagerverwaltung auch ein manueller Transportbedarfsbeleg erstellt werden, um eine manuelle Anforderung für eine bestimmte Aufgabe im Lager zu stellen.

Der **Transportbedarf** bleibt offen, bis Sie ihn in einen **Transportauftrag** umsetzen. Sobald der TA erstellt ist, wird der entsprechende Bestand am Lagerplatz reserviert.

Das Transportbedarfsdokument enthält viele Einzelheiten, die für die Erstellung eines TA entscheidend sind, insbesondere:

- Werk, Lagerort und Lagernummer
- Materialnummer
- angeforderte Menge
- Referenzdokumentnummer
- Art der Lagerbewegung
- Erstellungsdatum und -zeit

Transportbedarf versus Umbuchungsanweisung

Bei einer Umbuchung erstellt StRM eine *Umbuchungsanweisung* anstatt eines TB. Dieses Dokument wird in weiterer Folge zu einem TA umgewandelt.

2.6.2 Transportaufträge

Der TA ist das wichtigste Dokument, wenn physische oder logische Bewegungen im Lager durchgeführt werden.

Physische Bewegungen (Umlagerungen):

Mit dem TA sind alle wichtigen Daten von Warenbewegungen im Lager abgebildet und dokumentiert:

- von der Wareneingangsrampe zum Lagerplatz
- innerhalb des Lagers von Lagerplatz zu Lagerplatz
- der Kommissionierprozess, wenn Bestand aus dem Lager kommissioniert und zur Versandrampe transportiert wird

Logische Bewegungen (Umbuchungen):

Mit dem TA können Sie auch ohne physische Warenbewegungen Bestände verändern, wie z. B.

- Ändern der Bestandsart von »gesperrt« auf »frei verwendbar«
- Setzen des Qualitätskontrollstatus

Ein TA kann mit einem Referenzbeleg, z. B. einem Transportbedarf, einer Umbuchungsanweisung oder einer Lieferung, aber auch manuell ohne Referenzbeleg erstellt werden, z. B. bei einer Umlagerung von Lagerplatz zu Lagerplatz.

Ein Transportauftrag besteht aus einem *Kopf* und einer oder mehreren *Positionszeilen*. Sie öffnen den TA mit der Transaktion *LT21* (Anzeigen Transportauftrag). Es gibt noch mehrere Möglichkeiten, einen TA anzuzeigen, siehe im SAP MENÜ • LOGISTIK • LOGISTICS EXECUTION • LAGERINTERNE PROZESSE • UMLAGERUNG • TRANSPORTAUFTRAG ANZEIGEN.

Beim Kopf (Abbildung 2.78) verdienen folgende Felder Beachtung:

❶ Automatisch erzeugte TA-NUMMER

❷ ERSTELLUNGSDATUM und -zeit

❸ Anzeige, dass QUITTIERUNG zum TA stattgefunden hat

❹ REFERENZDATEN: Der Anstoß zur Umbuchung kam aus der Bestandsführung, daher wird der MATERIALBELEG *4900008220* angezeigt. Ist ein Transportbedarf der Auslöser, dann sehen Sie das im Feld TB-NUMMER.

❺ BEWEGUNGSART *321* (Umbuchung Qualität)

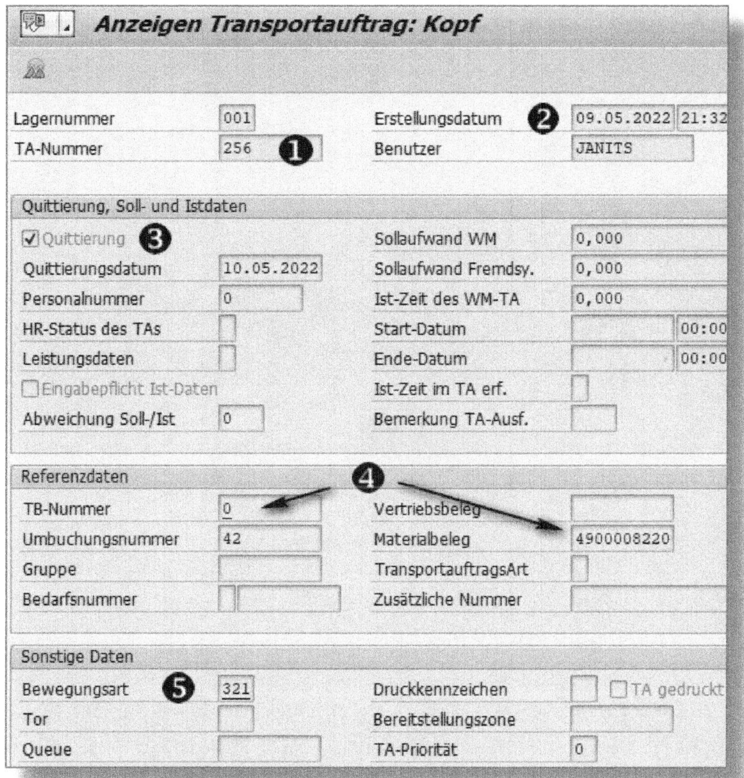

Abbildung 2.78: Transportauftrag – Kopf

Die TA-Positionsliste (Abbildung 2.79) kann eine oder mehrere Positionen enthalten. Im Beispiel sehen Sie zwei Positionen, die aus der Umbuchung vom Qualitätsbestand in den freien Bestand entstanden sind.

❻ Anzeige Reiter VON-DATEN: Hier haben Sie die Möglichkeit für Recherchen und Fehlersuche auf alle Detaildaten zuzugreifen.

❼ Anzeige Reiter NACH-DATEN: Ermöglicht Zugriff auf Nach-Detaildaten.

Weitere Details und den Kontext zu diesem Beispiel finden Sie im Abschnitt 2.4.3.

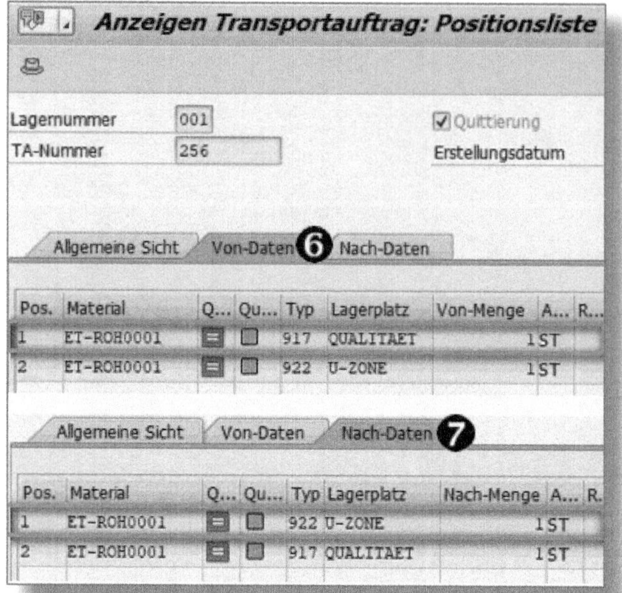

Abbildung 2.79: Transportauftrag – Positionsliste

Sobald ein TA erstellt wurde, muss er quittiert werden, andernfalls bleibt er offen. Die Quittierung des Transportauftrages löst die Freigabe des betroffenen Bestandes aus, dieser ist somit wieder verfügbar. Kann der TA aus bestimmten Gründen nicht mehr quittiert werden, stornieren Sie ihn mit der Transaktion *LT15*.

Löschung eines Transportauftrages ist unmöglich

Ein einmal erstellter TA kann entweder quittiert oder storniert, aber nicht gelöscht werden.

2.6.3 Auswertungen

Wie schon angedeutet, sind die Möglichkeiten, Auswertungen zu erstellen, äußerst vielfältig. Ich beschränke mich daher auf drei Beispiele.

Lagerleitstand

Die Transaktion *LL01* listet alle kritischen Prozesse zur weiteren Bearbeitung auf (Abbildung 2.80).

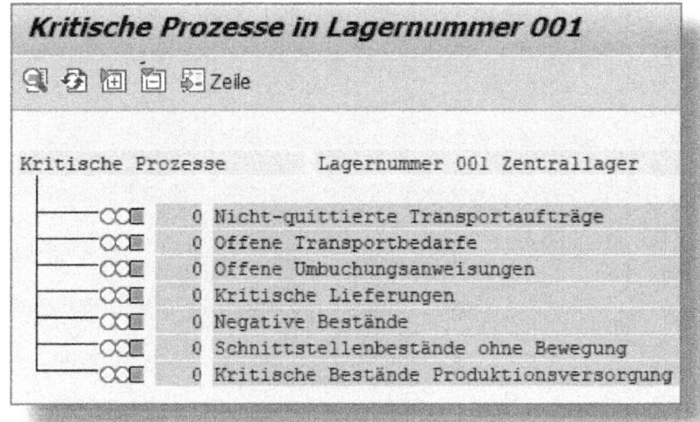

Abbildung 2.80: Lagerleitstand

Infosystem Lager

Im SAP MENÜ • LOGISTIK • LOGISTICS EXECUTION • INFOSYSTEM • LAGER steht eine Reihe von Anzeigetransaktionen zur Verfügung. In Abbildung 2.81 ist die Auswahl für die Transportaufträge aufgeklappt.

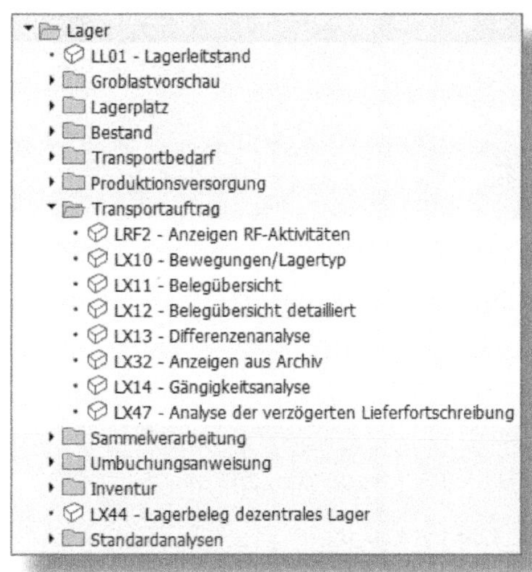

Abbildung 2.81: Infosystem Lager

Tabellenanalysen (Data Browser)

Geübte Anwender, die mit Tabellen umgehen können, verwenden gerne die Transaktion *SE16N* mit fast unendlichen Möglichkeiten, selbst Auswertungen zu kreieren.

> **Transaktionen SE16N und SE16H**
>
> In StRM ist die Transaktion *SE16N* nach wie vor sehr hilfreich – ihr Datenkonzept ist noch immer auf Tabellen aufgesetzt, die aus SAP ERP übernommen wurden.
>
> Die neue Transaktion *SE16H* ist für HANA-Datenbanken erweitert worden, kann aber genauso gut für die alte ERP-Datenbankstruktur verwendet werden.

In der Abbildung 2.82 sehen Sie den Auszug einer Auswertung der Tabelle *LTAK* (Transportauftragskopf).

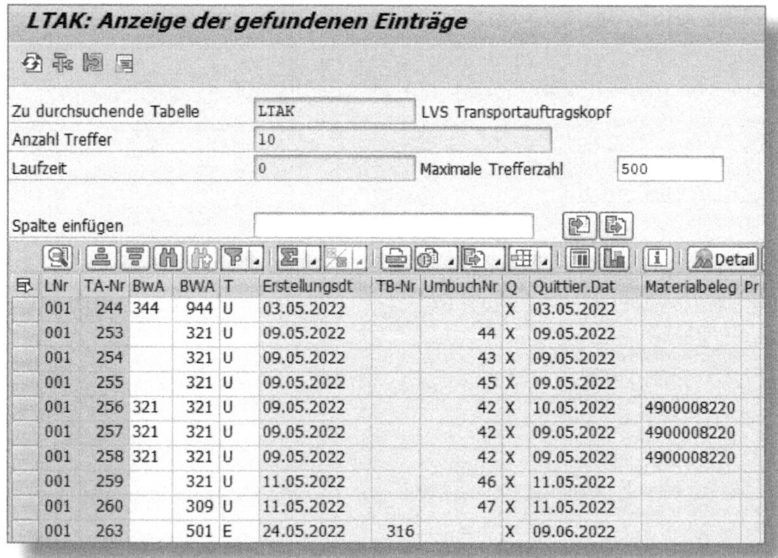

LTAK: Anzeige der gefundenen Einträge

Zu durchsuchende Tabelle: LTAK — LVS Transportauftragskopf
Anzahl Treffer: 10
Laufzeit: 0 — Maximale Trefferzahl: 500
Spalte einfügen

LNr	TA-Nr	BwA	BWA	T	Erstellungsdt	TB-Nr	UmbuchNr	Q	Quittier.Dat	Materialbeleg	Pr
001	244	344	944	U	03.05.2022			X	03.05.2022		
001	253		321	U	09.05.2022		44	X	09.05.2022		
001	254		321	U	09.05.2022		43	X	09.05.2022		
001	255		321	U	09.05.2022		45	X	09.05.2022		
001	256	321	321	U	09.05.2022		42	X	10.05.2022	4900008220	
001	257	321	321	U	09.05.2022		42	X	09.05.2022	4900008220	
001	258	321	321	U	09.05.2022		42	X	09.05.2022	4900008220	
001	259		321	U	11.05.2022		46	X	11.05.2022		
001	260		309	U	11.05.2022		47	X	11.05.2022		
001	263		501	E	24.05.2022	316		X	09.06.2022		

Abbildung 2.82: Tabellenanalysen Data Browser

Die Felder können nach Belieben zusammengestellt werden, in diesem Beispiel wie folgt:

- LNr – Lagernummer
- TA-Nr – Transportauftragsnummer
- BwA – Bewegungsart der Bestandsführung
- BWA – Bewegungsart StRM
- T – Transportart Umbuchung, Aus-, Einlagerung
- Erstellungsdt – Erstellungsdatum
- TB-Nr – Transportbedarfsnummer
- UmbuchNr – Umbuchungsnummer
- Quittierungskennzeichen und -datum
- Materialbelegnummer (MM-IM)

Fiori Query Browser

Mit diesem Abfrage-Browser können Sie als Anwender, vorausgesetzt Sie sind mit den notwendigen Berechtigungen ausgestattet, analytische Abfragen und Ad-hoc-Berichte erstellen.

Der Browser ist nur als Kachel im SAP Fiori Launchpad aufrufbar und auf das neue Datenmodell, basierend auf *SAP HANA*, ausgerichtet. Tabellen, die SAP LE-WM und StRM betreffen, werden nicht unterstützt, EWM hingegen schon.

2.7 Mobile Datenerfassung

Mobile Geräte, wie Scanner, Smartphones, Tablets oder Laptops, sind in der heutigen Zeit auch aus der Lagerverwaltung nicht mehr wegzudenken. SAP hat schon seit vielen Jahren zahlreiche Prozesse den neuen Anforderungen angepasst. Damit sind die Verantwortlichen gefordert, den Lagermitarbeitern die optimalen Geräte bereitzustellen.

Anweisungen und Daten werden via Funkfrequenz und in Echtzeit übertragen, dadurch weiß das Lagerverwaltungssystem (StRM) automatisch in jeder Sekunde, welche Menge an Waren sich bewegt und wo sie sich genau befinden.

2.7.1 RF-Geräte

»RF« kommt vom englischen »radio frequency« und bedeutet auf Deutsch »Hochfrequenz«. In der Logistik sind vor allem Handscanner im Einsatz, die mit dieser Technologie arbeiten. Im neuen S/4HANA kommen andere kabellose Technologien dazu, z. B. Smartphones oder Tablets.

Um in der Logistik mit RF-Geräten arbeiten zu können, müssen sowohl die Waren/Lagereinheiten als auch die Lagerplätze und -koordinaten mit einem Barcode versehen sein. Nur so ist es möglich, die Daten mit den mobilen Geräten rasch zu lesen und per Funk an das System zu übertragen, damit der gewünschte Prozess automatisiert ablaufen kann.

Technisch basiert die Anbindung der Endgeräte auf dem *Open Data Protocol (OData)*, einem http-Protokoll für den Datenzugriff zwischen kompatiblen Softwaresystemen.

SAP plant, die bestehenden RF-Transaktionen von SAP ERP WM im StRM weiterzuverwenden, aber keine neuen Transaktionen für RF-Geräte einzuführen. Sollten Sie im Lager in hohem Maße RF-Geräte verwenden, wird empfohlen, auf *SAP EWM* oder *Embedded EWM* umzusteigen. Der Schlüssel zur Nutzung der fortschrittlichen und hochinnovativen RF-Technologie ist die Umstellung auf EWM.

2.7.2 RF-Transaktionen

Prinzipiell sind die RF-Transaktionen auf die Bildschirmdimension der mobilen Endgeräte ausgerichtet, können aber auch auf Ihrem PC/Laptop in der gewohnten Umgebung prozessiert werden. Abbildung 2.83 zeigt als Beispiel die Transaktion *LM01* (Dynamisches Menü):

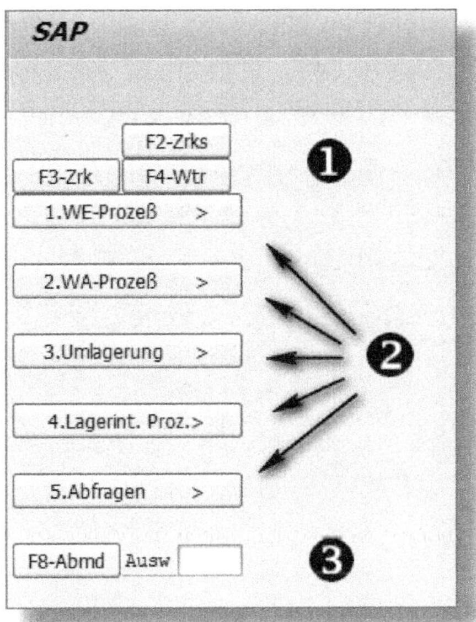

Abbildung 2.83: RF-Transaktion LM01

❶ Die Funktionstasten sind ganz normale Auswahltasten, in diesem Beispiel [F2] (Zurücksetzen), [F3] (ein Schritt zurück) und [F4] (Weiter).

❷ Häufig wird das Einstiegsmenü so aussehen, je nach Konfiguration wählen Sie die einzelnen Prozesse aus:

- 1 Wareneingangsprozess
- 2 Warenausgangsprozess
- 3 Umlagerung
- 4 Lagerinterner Prozess
- 5 Abfragen (Bestände, Status, usw.)

❸ Mit der Funktionstaste [F8] können Sie sich abmelden. Das Auswahlfeld (AUSW) ist z. B. für die Bedienung am Handscanner gedacht, wenn die Eingabe über die Tastatur erfolgt – das ist vorteilhaft für Handschuhträger.

Häufig mit RF-Geräten verwendete Transaktionen in der Lagerverwaltung sind:

- *LM02* – Einlagerung selektieren nach Lagereinheitennummer
- *LM03* – Einlagerung selektieren nach Transportauftragsnummer
- *LM04* – Einlagerung systemgeführt
- *LM05* – Auslagerung nach Transportauftragsnummer
- *LM06* – Auslagerung nach Liefernummer
- *LM07* – Auslagerung systemgeführt
- *LM09* – Einlagerung nach Liefernummer
- *LM11* – Umbuchungen
- *LM12* – Materialabfrage
- *LM13* – Sammeleinlagerung
- *LM46* – Kommissionieren und Packen nach Lieferung
- *LM55* – Drucken Lagerplatzetiketten
- *LM57* – Systemgeführte Einlagerung/Doppelspiel

Sehr interessant ist die Transaktion *LRF1* (RF-Monitor). Damit können Sie alle Aktivitäten im Lager überwachen. Den Monitor können Sie selbst nach Ihren Bedürfnissen gestalten und anpassen (Abbildung 2.84).

❶ Der RF-Monitor ordnet die Aktivitäten nach **Queues** zu, so können die Transportaufträge effizient abgearbeitet werden. Die Einteilung und Verwaltung der Queues nehmen Sie im Customizing-Pfad SPRO • LOGISTICS EXECUTION • MOBILE DATENERFASSUNG • RF-QUEUE-VERWALTUNG vor.

❷ Die Spalte VERHÄLTNIS kennzeichnet die Arbeitslast nach dem Ampelschema: Grün bedeutet, die Arbeitslast liegt unter dem definierten Schwellenwert. Gelb ist eine Warnung, Rot ist kritisch.

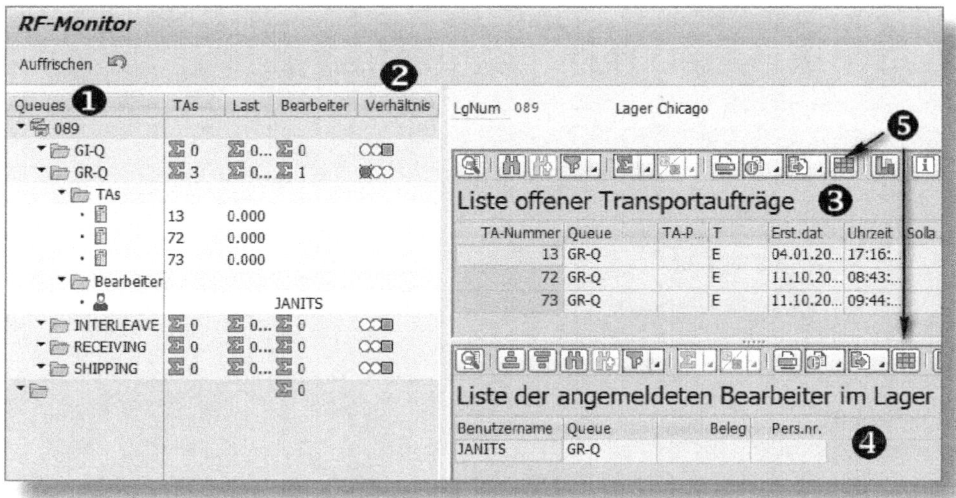

Abbildung 2.84: RF-Monitor

❸ Die LISTE OFFENER TRANSPORTAUFTRÄGE zeigt Ihnen diverse Details. Zusätzlich erreichen Sie hier mit einem Klick direkt die Transaktion *TA Anzeige*, Details siehe Abschnitt 2.6.2.

❹ Hier sehen Sie die LISTE DER ANGEMELDETEN BEARBEITER IM LAGER.

❺ Mit [Icon] »Layout ändern« können Sie die Spalten nach Ihren Bedürfnissen anpassen.

2.7.3 Verwendung von Barcodes

Barcodes sind in der mobilen Datenerfassung für Identifizierungs- und Verifizierungszwecke unverzichtbar.

Identifizierung

Sie scannen gedruckte Barcodes auf Transportaufträgen, verschiedenen Belegen im Lagerumfeld, Regalen usw. und ermitteln damit unter anderem:

- Lagerplatz
- Bereitstellungszone
- Material
- Menge
- Handling Unit
- Lagereinheit
- Chargennummer
- Lieferung

Verifizierung

Sie scannen Barcodes, um Informationen der folgenden Felder zu überprüfen:

- Lagerplatz
- Material
- Menge
- Lagereinheit
- weitere Feldprüfungen je nach Systemkonfiguration

Dazu müssen Sie im Customizing-Pfad SPRO • LOGISTICS EXECUTION • MOBILE DATENERFASSUNG verschiedene Einstellungen vornehmen (Abbildung 2.85).

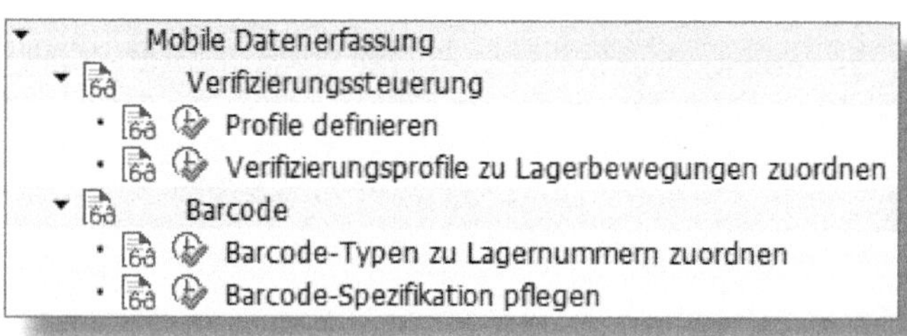

Abbildung 2.85: Mobile Datenerfassung

3 StRM im Vergleich mit WM und EWM

Die Lagerraumverwaltung (StRM) hat im Vergleich zum Vorgänger SAP Logistics Execution – Warehouse Management (SAP LE-WM) eine erhebliche Reduktion von Umfang und Funktionalitäten erfahren.

In diesem Kapitel stelle ich dar, welche der Funktionen aus LE-WM nicht mehr im StRM verfügbar sind und wie Sie prüfen, ob diese Einschränkungen für Sie relevant sind. Außerdem finden Sie eine tabellarische Darstellung, die StRM mit dem Basic Embedded EWM vergleicht.

Die Inhalte dieses Kapitels werden für die Verantwortlichen in Ihrem Unternehmen eine wichtige Diskussionsgrundlage sein, ob sie StRM einsetzen können oder ob sie auf eEWM (Embedded EWM) bzw. eine andere Alternative umsteigen sollten.

3.1 StRM – Einschränkungen gegenüber WM

Informationen zu Einschränkungen in StRM

Informationen zu den reduzierten Funktionalitäten in StRM erhalten Sie auch im SAP-Hinweis 2270211: *https://launchpad.support.sap.com/#/notes/2270211*.

3.1.1 Task & Resource Management (LE-TRM)

Task & Resource Management (TRM) nennt SAP die operative Logistik- und Materialflussabwicklung und deckt damit eine wegeoptimierte Staplerführung über mobile Endgeräte ab. Zusätzlich können damit SPS-Steuerungen (speicherprogrammierbare Steuerungen) koordiniert werden. Eingebettet ist TRM in das SAP-Modul *LE* (*Logistics Execution*, auch mit »LES« abgekürzt) und so bestens integriert mit *WM (Warehouse Management)*.

Im Folgenden spreche ich über drei Pakete aus TRM, die **nicht im StRM integriert sind** und **deren Fehlen für Sie ein gravierender Nachteil** sein könnte.

Materialflusskontrolle

Mit dem integrierten und echtzeitfähigen TRM können Sie automatisierte Hochregallager und AS/RS (*automated storage and retrieval systems* – automatisierte Lager- und Abrufsysteme) für Kleinteile jeder Art steuern. Auch integrierte Steuerungsanlagen lassen sich damit bedienen, sodass andere IT-Subsysteme nicht mehr erforderlich sind. Wenn die Anforderungen an das Logistiksystem über geringe und mittlere Komplexität und Flexibilität nicht hinausgehen, erfüllt StRM seinen Zweck dennoch ausreichend. Ansonsten ist EWM oder ein alternatives Produkt erforderlich.

Ressourcensteuerung

Mit diesem Paket können Sie Transportaufträge in separate Aufgaben aufteilen. Das ermöglicht die Zuordnung einzelner Teilaufgaben innerhalb des Lagers an verschiedene Ressourcen. So werden die Synergien zwischen Personal, Staplern, Shuttles, Fördersystemen usw. optimiert.

Kommissionierung

Sie können TRM sowohl zur Abbildung von Waren-zu-Personen- als auch von Personen-zu-Waren-Kommissionierung verwenden. Dabei haben Sie vielfältige Möglichkeiten, Aufgaben und Ressourcen innerhalb des Lagers zuzuordnen.

Der *WM-Transportauftrag* lässt sich als *Kommissionierauftrag* verwenden, und das bietet noch eine weitere Reihe von Vorteilen:

- Bereitstellung der Soll-Daten für Transportaufträge
- Splitten von Transportaufträgen nach Soll-Daten
- Druck von Transportaufträgen bzw. Übermittlung als IDoc
- Bereitstellung von Ist-Daten aus der Kommissionierung an das SAP-Modul *Human Resources (HR)*

Der Abschluss erfolgt mit der Quittierung des Transportauftrages.

Die Kommissionierung ermöglicht Ihnen im Zusammenhang mit LE-WM zusätzlich den Einsatz von *Kommissionierwellen* (siehe Abschnitt 3.1.5) sowie die Nutzung von Toren und Bereitstellungszonen in Lieferungen und Transportaufträgen.

3.1.2 Logistische Zusatzleistungen (LE-WM-VAS)

Unter *logistischer Zusatzleistung (LZL)* versteht SAP einen Vorgang, der am oder mit dem Material durchgeführt wird.

Beispielhafte Zusatzleistungen sind etwa:

- Umpacken
- Anbringen von Tags (z. B. zur Sicherung der Ware oder auch der Mitarbeiter)
- Preisauszeichnen
- Etikettieren
- Schrumpfverpacken

Auch diese Funktionen sind im StRM **nicht** mehr verfügbar.

3.1.3 Yard Management (LE-YM)

Yard Management ist mit den LE-Komponenten *Transport* und *Versand* integriert.

Folgende Prozesse sind dem LE-YM zugeordnet und **werden im StRM NICHT mehr unterstützt**:

- Check-in und Check-out von Fahrzeugen
- Terminierung von Toren und Bereitstellungszonen für Fahrzeuge (manuell oder auf Basis des automatischen Terminierungsmechanismus im System)
- Erstellung und Ausführung von Bewegungen im Yard (manuell oder auf Basis des Ortsbestimmungsmechanismus im System)
- Erstellung und Ausführung von Vorgängen im Yard, z. B. das Wiegen, Versiegeln und Entsiegeln von Fahrzeugen
- Registrierung von Beginn und Ende der Beladung und Entladung von Fahrzeugen (nach Lieferung oder für gesamtes Fahrzeug)

3.1.4 Cross-Docking (LE-WM-CD)

Cross-Docking ist eine Möglichkeit, unnötige doppelte Umschlagvorgänge von Waren zu minimieren und so den Materialumschlag im Lager effizienter zu gestalten. Das optimiert Zykluszeiten und reduziert Lagerhaltungs- und Umschlagkosten.

Folgende wichtige Funktionalitäten sind dem LE-WM-CD zugeordnet und **werden im StRM NICHT mehr unterstützt**:

- *Geplantes Cross-Docking* – Sie generieren vor der tatsächlichen Ankunft von Waren und der Freigabe von Ausgangsbelegen (d. h. vor dem Anlegen des Transportauftrages) Entscheidungen.

- *Opportunistisches Cross-Docking* – Sie generieren Entscheidungen, während der Transportauftrag angelegt wird (nach dem Eintreffen der Waren oder der Freigabe des Ausgangsbeleges).
- *Einstufiges und zweistufiges Cross-Docking* – Sie bewegen die Waren direkt zwischen den Wareneingangs- und Warenausgangsbereichen – oder aber zunächst vom Wareneingang zu einem Cross-Docking-Lagertyp, bevor Sie die Ware in den Warenausgangsbereich bringen.
- Weitere Werkzeuge – Diese dienen zur Unterstützung der Optimierung von Entscheidungen, Planungen, Überwachungen sowie Fehlerbehebungen.

3.1.5 Wellenmanagement (LE-WM-TFM-CP)

Kommissionierwellen können Sie für die Feinplanung der Kommissionierung verwenden. Sie bilden dabei *Arbeitspakete*. »Welle« wird als Synonym für Arbeitspaket verwendet. Kommissionierwellen bestehen aus **Lieferungen**, die zeitlich gemeinsam bearbeitet werden.

Kommissionierwellen können Sie automatisch nach Zeitkriterien anlegen oder manuell mit expliziten Kriterien.

Auch diese Funktionalität ist **im StRM nicht verfügbar**!

3.1.6 Dezentrale Lagerverwaltung (LE-WM-DWM)

Unter einem dezentralen Lagerverwaltungssystem versteht SAP ein eigenständiges System, das Anforderungen für Lageraktivitäten von einem beliebigen Enterprise-Resource-Planning-System (ERP-System) entgegennimmt und ausführt.

Das ERP-System muss nicht bindend von SAP sein, das macht allerdings in der Regel die Installation der Schnittstellen wesentlich einfacher. Stammdaten wie Materialien, Debitoren und Kreditoren werden aus dem führenden ERP-System übernommen und synchronisiert. Damit Sie von *DWM* eine grobe Vorstellung haben, hier ein beispielhafter Prozessablauf:

- Das zentrale ERP-System sendet dem dezentralen WMS eine An- bzw. Auslieferung.
- Dadurch wird im DWM ein Transportauftrag generiert.
- Im Lager wird der physische Transport durchgeführt.
- Sobald die Quittierung des Transportauftrages erfolgt, wird im DWM der Warenein- bzw. Warenausgang gebucht.
- Automatisch meldet das DWM für die betroffene Lieferung die entsprechende Menge/Anzahl an das führende ERP-System zurück, und die Bestandsveränderung wird dort nachgezogen.

Auch DWM wird **im StRM nicht unterstützt**.

3.1.7 Schnittstelle Lagersteuerrechner (WM-LSR)

LE-WM bietet die Schnittstelle *WM-LSR (Lagersteuerrechner)*, mit der Sie folgende Möglichkeiten haben:

- Anbindung von automatisierten Lagersystemen wie Lagersteuerrechner (LSR)
- Anbindung von Staplerleitsystemen oder Karussellen
- Anbindung von dezentralen Lagerverwaltungssystemen

Technisch basiert die Schnittstelle auf einem sogenannten *transaktionalen Remote Function Call (tRFC)*. Diese Art von Kommunikationsverbindung läuft nicht synchron ab, sondern stellt die Daten in einen Zwischenspeicher. Dadurch sind die Datenflüsse entkoppelt und die Systeme behindern sich nicht gegenseitig, wenn massenhaft Daten übertragen werden.

Szenarien für die Anbindung von Fremdsystemen sind:

- halbautomatisch betriebenes Lager
- vollautomatisch betriebenes Lager
- vollautomatisch betriebenes Lager als Blackbox
- fremdes Lagerverwaltungssystem
- Nicht-Lagerverwaltungssystem

Mit der WM-LSR-Schnittstelle haben Sie zusätzlich die Möglichkeit, kundeneigene Anpassungen und Ergänzungen vorzunehmen.

Auch die Lagersteuerrechner-Schnittstelle wird **im StRM nicht unterstützt**.

3.2 Compliance Check StRM

Welche Funktionen in Ihrem gegenwärtigen System in Verwendung stehen, aber von der Lagerraumverwaltung (StRM) nicht mehr abgedeckt werden bzw. nicht mehr Bestandteil der Lizenz für SAP S/4HANA StRM sind, können Sie automatisiert abgleichen.

SAP stellt hierfür das Programm *STOCKROOM_COMPLIANCE_CHECK* zur Verfügung.

SAP-Hinweis zum Compliance Check

Nähere Informationen zum Programm STOCKROOM_COMPLIANCE_CHECK liefert SAP-Hinweis 2882809 (Umfangseinhaltungsprüfung für das Stock Room Management).

Nutzen Sie die Transaktion *SA38*, um das Programm STOCKROOM_COMPLIANCE_CHECK zu starten (Abbildung 3.1).

Abbildung 3.1: Compliance Check – Einstieg

Es öffnet sich ein Fenster, in dem Sie die gewünschten Prüfungen selektieren (Abbildung 3.2).

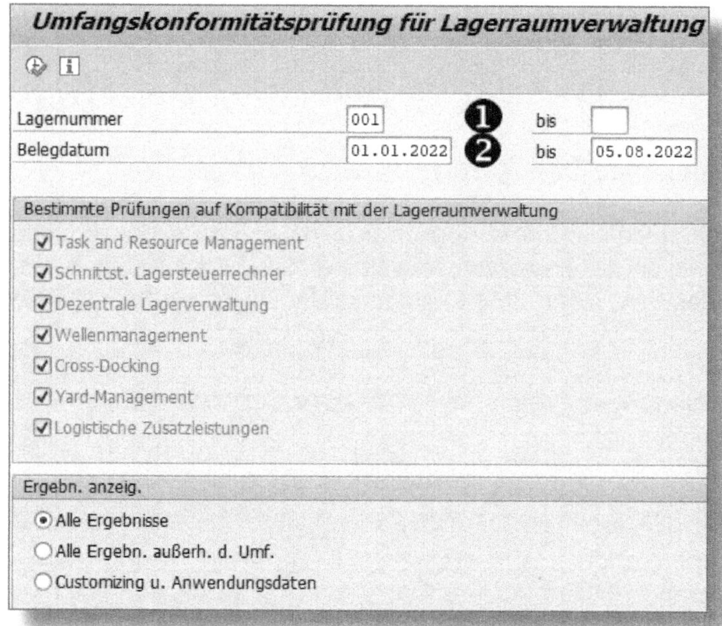

Abbildung 3.2: Compliance Check – Selektion

❶ Zunächst geben Sie die LAGERNUMMERN ein.

❷ Indem Sie das BELEGDATUM von/bis eingeben, verringern Sie bei langen Laufzeiten die Durchlaufzeit. Anschließend haken Sie alle gewünschten PRÜFUNGEN an. Zusätzlich können Sie die Anzeige der Ergebnisse beschränken (sinnvoll bei mehreren Lagern).

Abbildung 3.3 zeigt das Ergebnis der Prüfung.

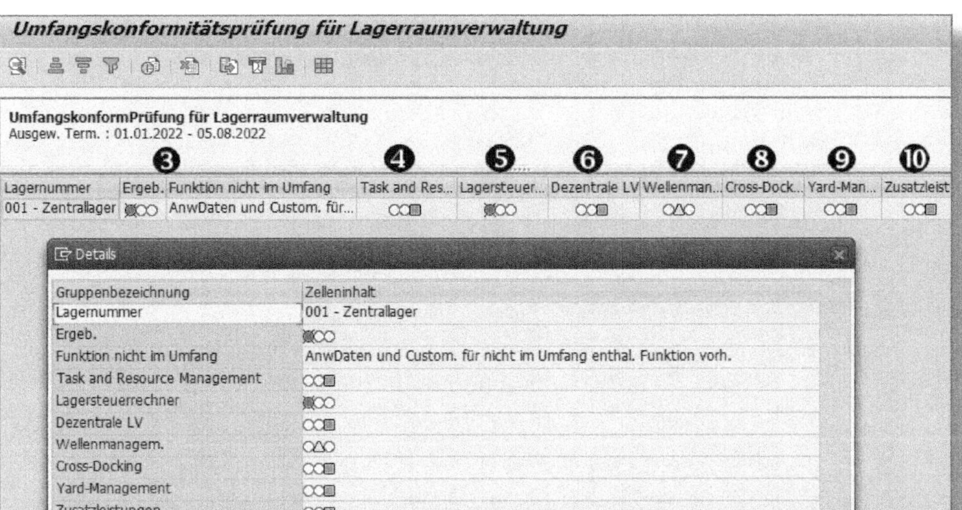

Abbildung 3.3: Compliance Check – Ergebnis

❸ ERGEB./FUNKTION NICHT IM UMFANG:

- Grüne Ampel bedeutet: Keine Inkompatibilität gefunden.
- Gelbe Ampel bedeutet: Customizing für nicht im Umfang enthaltene Funktionen vorhanden.
- Rote Ampel bedeutet: Anwenderdaten und Customizing für nicht im Umfang enthaltene Funktionen vorhanden.

❹ Task and Resource Management (TASK AND RES...):

- Prüft, ob Task and Resource Management für ein Lager konfiguriert ist und ob entsprechende Lageraufträge oder Positionen im System vorhanden sind.

❺ Schnittstelle Lagersteuerrechner (LAGERSTEUER...):

- Prüft, ob im System standardmäßige SAP-Funktionsbausteine für die Verarbeitung von IDocs vorhanden sind, die für Subsysteme und den Empfang von Aktualisierungen zu Subsystemen verwendet werden.

❻ Dezentrale LV (Lagerverwaltung):

- Prüft, ob im System Konfigurationsmerkmale des dezentralen Warehouse-Management-Systems vorhanden sind und ob eventuell entsprechende Belege im System vorliegen.

❼ Wellenmanagement (Wellenman...):

- Prüft, ob im System Merkmale des Wellenmanagements für das Lager vorhanden sind und ob Wellengruppen, Wellen oder entsprechende Lageraufträge im System verwendet wurden.

❽ Cross-Docking (Cross-Dock...):

- Prüft, ob Cross-Docking für das jeweilige Lager konfiguriert ist und ob entsprechende Lagerauftragspositionen im System vorhanden sind.

❾ Yard-Management (Yard-Man...):

- Prüft, ob im System für das jeweilige Lager eine Zuordnung zu einem Yard vorliegt und ob dazu Yard-Aktivitäten vorliegen.

❿ Logistische Zusatzleistungen (Zusatzleist):

- Prüft, ob im System LZL konfiguriert sind und ob LZL-Aufträge oder Lagerauftragspositionen entdeckt wurden.

3.3 StRM im Vergleich mit EWM

Die folgende Tabelle 3.1 vergleicht StRM mit dem Basic Embedded EWM. Aus Gründen der Übersichtlichkeit beziehe ich die anderen Varianten von EWM (Advanced Embedded EWM, dezentrales EWM) nicht mit ein. Der Vergleich konzentriert sich auf unterschiedlich ausgeprägte Funktionalitäten oder zeigt an, welche wichtigen Prozesse von beiden Modulen nicht unterstützt werden. Daher sind in der Tabelle nicht alle Funktionalitäten und Möglichkeiten von StRM und Basic EWM enthalten. Eine umfassende Beschreibung von StRM finden Sie im Kapitel 2.

Vergleichsparameter, Funktionalitäten	Stock Room Management	Basic Embedded EWM
Lizenzen	In der SAP S/4HANA-Enterprise-Management-Lizenz enthalten	
Architektur	Teil von S/4 ERP	Teil von S/4 ERP
Zielarchitektur lt. SAP	Keine Neuent-wicklungen im S/4	Richtungsweisendes Lagerverwaltungs-system für die Zu-kunft (Basic EWM hat limitierte Funk-tionalitäten)
Sind Innovationen für die Zukunft geplant?	Nein	Ja. Verbesserungen, die auf die Basic-Funktionalitäten be-schränkt sind, wer-den in zukünftigen S/4HANA-Versionen berücksichtigt
Komplexe Prozesse wie prozess- oder layoutori-entierte Lagersteuerung	Nein	Ja
Wellenmanagement (Kommissionierwellen)	Nein	Nein
Cross-Docking	Nein	Nein
Serialnummern	Nur über Handling-Unit-Ver-waltung	Ja
Materialflusskontrolle	Nein	Nein
Schnittstellen zu PP (Produktionsplanung)	Nur die alten WM-basierenden Schnittstellen sind vorhanden	Werden prinzipiell unterstützt, abhän-gig von der PP-Ver-sion

Vergleichsparameter, Funktionalitäten	Stock Room Management	Basic Embedded EWM
Integration zu QM (Qualitätsmanagement)	Nur sehr einfach integriert	Grundlegende Integration vorhanden
Integration zu TM (Transportation Management)	Keine Schnittstellen vorhanden	Voll integriert
Einbindung zum S/4HANA-Kern	Transaktionen, Tabellen usw. sind vom ERP ins S/4 übernommen worden, aber nicht Bestandteil des S/4-Kerns	Nur wenige neue Entwicklungen im S/4
Migrationskomplexität von ERP-WM zu S/4	Sehr gering, da Programm- und Datenbasis identisch sind	Mittlerer Aufwand
Welche Lagerkomplexität wird abgedeckt?	Einfache Komplexität	Mittlere Komplexität
Empfehlungen	Geeignet für eher kleinere Lager mit manuellem Betrieb ohne erweiterte Anforderungen Schnelle Übernahme vom alten, klassischen SAP WM-verwalteten manuellen Lager **ohne Prozessänderungen** Kleine Lager, z. B. Werke, Tochterunternehmen, kleine Lagerhäuser, MRO-Lager (Wartung und Instandsetzung) oder Betriebe/Geschäfte mit Bedarf an internen Umlagerungen, aber ohne externe Logistikabwicklungen	Für kleine bis mittelgroße Lager, die vollständige Bestandstransparenz und -kontrolle erfordern Kleine Rohstofflager Mittelgroße, eigenbetriebene Distributionszentren mit weniger Komplexität in den Geschäftsabläufen

Tabelle 3.1: Vergleich StRM mit Basic Embedded EWM

4 StRM und Lean-WM

In diesem Kapitel kläre ich Fragen rund um Lean-WM in S/4HANA und gehe auf Gerüchte ein, die zu diesem Thema kursieren. Obwohl die SAP schon recht frühzeitig klärende Informationen herausgegeben hat, sind in diversen Blogs verdrehte und unvollständige Beiträge hierzu zu lesen.

StRM und Lean-WM sind insofern getrennt zu betrachten, als Lean-WM keine Lagerplätze anspricht und deshalb einen Großteil der Funktionalitäten von StRM nicht braucht. Lediglich Transportaufträge werden in einer reduzierten Form verwendet.

☛ Lean-WM und S/4HANA

Die Funktionsweise von Lean-WM bleibt im S4/HANA unverändert!

Sie verwenden beim Lean-WM Transportaufträge ausschließlich für die Bearbeitung von Wareneingängen und Warenausgängen, bezogen auf Lieferungen. Das passiert aber nicht wie in der Lagerverwaltung üblich auf Lagerplatzebene, sondern nur auf Lagerort bezogen. Im Lean-WM sehen Sie weder Quanten noch Bestände auf Lagerplätzen, Bestandsabfragen funktionieren nur im MM-IM (Bestandsführung). Die Transportaufträge dienen Ihnen gleichzeitig als Kommissionierliste.

Folgende Besonderheiten verdienen Beachtung:

- Transportaufträge beziehen sich auf Lieferungen von Wareneingängen oder Warenausgängen und nicht auf interne Lagerbewegungen. Transportaufträge sind **nicht** quittierungspflichtig.
- Bestandsdifferenzen bearbeiten Sie im MM-IM. Im Lean-WM ist kein Differenzenhandling möglich.

- Transportauftragsdaten lassen sich im Lean-WM an Fremdsysteme übertragen.
- Sie können Leistungsdaten wie die Zuordnung zu einem Kommissionierer erfassen, Ist-Zeiten rückmelden oder Soll-Zeiten berechnen.
- Wenn ein Transportauftrag angelegt wurde, kann die Lieferung im Feld KOMMI-MENGE auch nachträglich geändert werden. Im Standard-WM ist dies nicht möglich.

Die Einstellungen für Lean-WM werden im »Versand« vorgenommen, zu finden im Customizing-Pfad SPRO • LOGISTICS EXECUTION • VERSAND • KOMMISSIONIERUNG • LEAN-WM (Abbildung 4.1).

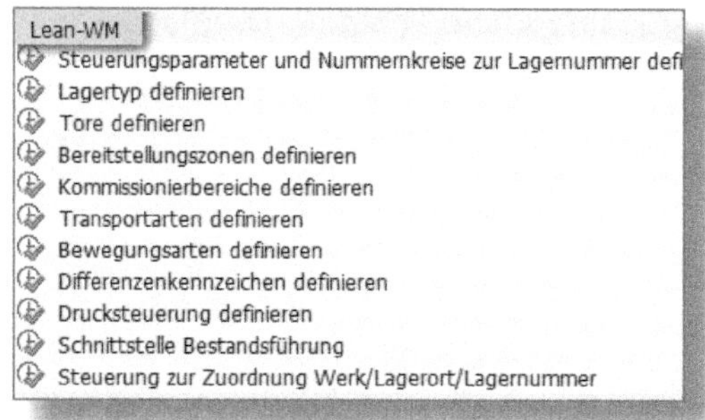

Abbildung 4.1: Lean-WM Einstellungen

Lean-WM wird exklusiv für eine **Lagernummer** festgelegt. Für dieses Lager benötigen Sie auch einen eigenen **Lagerort**.

- Zumindest zwei Lagertypen sind notwendig: für die Kommissionierung einen **Von-Lagertyp**.
- Für die Lieferungen in der Versandzone benötigen Sie einen **Nach-Lagertyp**.

Lean-WM einrichten

Weitere Einstellungen, je nach Bedarf, finden Sie in der SAP-Hilfe unter »*Lean-WM einrichten*«.

5 Migration SAP ERP auf S/4HANA

In diesem Kapitel lernen Sie die wichtigsten Schritte der Migration von einem SAP-ERP-System auf S/4HANA kennen. Naturgemäß hat jede Migration ihre eigenen Gesetze, einige Kriterien müssen aber auf jeden Fall erfüllt sein.

Vorab eine Übersicht über die wichtigsten Punkte, die Sie vor der Migration von SAP ERP auf S/4HANA beachten müssen. Ich erkläre dazu Näheres in den folgenden Abschnitten:

- S/4HANA braucht **Unicode.**
- Sie müssen Ihr **System aufräumen**.
- **ERP 6.0** ist Voraussetzung.
- Ein Update des **EHP 7.0** (Enhancement Package) ist nötig.

5.1 Unicode

Der *Unicode-Standard* legt fest, in welcher Form Schrift elektronisch gespeichert wird. Der Zeichensatz berücksichtigt Schriftzeichen für die meisten Sprachen, Symbole, Emojis, aber auch nicht druckbare Steuerzeichen.

Das Datenbankgrundsystem SAP HANA benötigt alle Zeichen in der Unicode-Form. So werden Codepages auch international dargestellt, daher war dieser Standard bisher vor allem bei globalen Unternehmen interessant und wurde von ihnen auch eingesetzt.

Wollen Sie nun S/4HANA einführen, müssen Sie zunächst eine *Unicode Conversion* durchführen.

SAP empfiehlt ohnehin, bei einer Umstellung auf SAP HANA den Schritt der Unicode Conversion zu diesem Zeitpunkt gleich vorbereitend für spätere Umstellungen, wie *SAP Simple Finance* oder *SAP Simple Logistics*, durchzuführen.

5.2 Altsystem aufräumen

Das Phänomen, dass viele Kollegen das Aufräumen des Systems gern hinausschieben und dafür alle möglichen (und unmöglichen) angeblich wichtigen Argumente vorbringen, kennt vermutlich fast jeder. Erfahrene Mitarbeiter sind sich aber sehr wohl der negativen Auswirkungen bewusst, wenn man den unnötigen Ballast mitschleppt. An allen Ecken und Enden verursacht er hohe Aufwände: Toten Code muss man immer im Auge behalten und warten/anpassen, beim Testen sind unnötige Routinen und Abläufe zu berücksichtigen.

Einen weiteren negativen Einfluss haben **veraltete Stamm- und Bewegungsdaten**. Womöglich treten noch zusätzliche Probleme auf, wenn das ständig aktualisierte Customizing alte Regeln nicht mehr berücksichtigt. Aber auch **wertfreier Müll** (veraltete Stamm- und Bewegungsdaten), der wenig oder keinen Einfluss auf das Alltagsgeschäft hat, verursacht Platzverschwendung im System.

Sie müssen auch IT-Landschaften berücksichtigen, die sich verändern bzw. immer wieder an neue Gegebenheiten angepasst werden. Insbesondere ist an **Schnittstellen** zu denken, die bei Umstellungen sehr hohe Aufwände verursachen.

SAP HANA hält ständig sämtliche Daten wertfrei im Hauptspeicher, d. h. auch Müll. Das ist ein Kostentreiber, der Aufräumarbeiten allemal rechtfertigt.

5.3 SAP ERP 6.0

Unternehmen, die ältere Versionen als *SAP ERP 6.0* verwenden, müssen upgraden. Erst auf dieser Basis können sie die neuesten Enhancement Packages installieren.

Viele Unternehmen führen SAP ERP 6.0 und EHP 7 in einem Schritt ein.

5.4 EHP 7

EHP (Enhancement Package) 7 ist Voraussetzung für den Betrieb von SAP HANA. Es ermöglicht die Verbindung von transaktionalen und analytischen Prozessen mit Echtzeitzugriff auf ERP-Daten von analytischen SAP Fiori-Apps. Das wiederum erlaubt z. B. beschleunigte Materialplanungsläufe und erfüllt die Voraussetzungen für SAP Simple Finance, das seit 2015 die Basis für die Anfänge von S/4HANA darstellt. SAP Simple Logistics folgte Ende 2015, es ist aber ein mehrjähriger Weg, bis alle Module technisch vollständig integriert sind.

5.5 Datenbankmigration

Datenbankmigrationen laufen immer nach einem ähnlichen Muster ab (wenn auch in der Praxis meist die eine oder andere Überraschung auftritt):

- Sie bereiten das Quellsystem für die bevorstehende Migration vor. Parallel dazu läuft der normale Betrieb. Diese Phase wird als *Uptime* bezeichnet.
- Während der »heißen« Phase, der *Downtime*, sind für alle Anwender die Systeme nicht verfügbar. Dieses Zeitfenster muss so kurz wie möglich gehalten werden.
- Anschließend werden technische und organisatorische Arbeiten nachgezogen, das *Postprocessing*.

Um die Downtime möglichst kurz zu halten, werden im Vorfeld *Testmigrationen* durchgeführt. Diese gestalten sich meist schwierig: Es müssen realitätsnahe Testdaten bereitgestellt und Mitarbeiter, die man für die entsprechenden Abläufe braucht, aus dem operativen Bereich herausgenommen werden. Zwei bis drei Testzyklen sind auf jeden Fall einzuplanen, in der Praxis werden es häufig noch mehr.

Da der Nutzen dieser Maßnahmen im Vorfeld nicht ohne Weiteres ersichtlich ist, sind Testläufe bei den Verantwortlichen meist nicht sehr beliebt. Dennoch ist es wichtig für das Unternehmen, das Risiko, das mit dem Vorgang der Migration verbunden ist, abschätzen zu können und einen Plan für einen eventuellen Notfall parat zu haben.

Es gibt viele Methoden zur Durchführung einer Migration. Beispielhaft beschreibe ich hier die **Brownfield-Methode**. Weitere Migrationsverfahren lernen Sie im Abschnitt 6.1 kennen.

5.5.1 Brownfield-Methode

Bei dieser Methode führen Sie ein **technisches Upgrade** eines bestehenden SAP-Systems auf S/4HANA durch. Dies setzt voraus, dass die Quellvorlage bereits optimiert ist und bereinigte Daten enthält, die ein reibungsloses Upgrade auf S/4HANA ermöglichen.

So läuft die Migration ab:

- Customizing, Entwicklungen, Stamm- und Bewegungsdaten, Berechtigungen usw. übernehmen Sie vom Quellsystem. Sie können so schrittweise die technische Umstellung auf das neue SAP S/4HANA durchführen.
- Sie müssen im Vorfeld prüfen, ob Erweiterungen oder Add-on-Programme übertragen werden können. Wo das nicht der Fall ist, sind Anpassungen notwendig.
- Sie nehmen die aktuellen und historischen Daten mit und führen die Umwandlung für die HANA-Datenbank durch.

Die Brownfield-Methode ist dort sinnvoll, wo das Quellsystem nah am SAP-Standard geblieben ist.

5.5.2 Migrationsmethode im S/4HANA-Umfeld

Im Folgenden nenne ich die wichtigsten Phasen von Migrationen auf S/4HANA sowie die Aktivitäten, die Sie dabei jeweils berücksichtigen müssen.

Datenbegutachtung (Assessment)

Befassen Sie sich mit folgenden Fragen:

- Welche Daten müssen übernommen werden?
- Welches Datenvolumen fällt dabei an?
- Aus welchen Quellsystemen werden Daten geladen?
- Welche Technologie (Metadaten usw.) steckt dahinter?
- Wer ist im Altsystem der Besitzer der Daten?
- Welche Aspekte der Datensicherheit sind zu berücksichtigen?
- Welche Mängel weisen die Quelldaten auf?

Datenanalyse (Profiling)

Analysieren Sie die Daten:

- Welche organisatorischen und technischen Strukturen liegen vor?
- Klären Sie die Dateninhalte.
- Sind Regeln zu beachten?
- Gibt es Dubletten (gleiche Stammdaten mit unterschiedlichen Schlüsseln)?
- Sollte Datenmüll beseitigt werden?
- Welche Metadaten (Merkmale der Daten) liegen vor?
- Modellieren Sie die Daten nach den neuen Erkenntnissen.

Datenextraktion

Für die Extraktion gehen Sie folgendermaßen vor:

- Legen Sie fest, welche Werkzeuge (Tools) Sie nutzen.
- Bereiten Sie die Quelldaten auf.
- Legen Sie die Durchführungsbereiche fest.

- Benennen Sie Verantwortliche für die einzelnen Daten und Datengruppen.
- Stellen Sie Regeln für die Datenbereinigung auf.
- Legen Sie Wiederholungskriterien fest (für Test und Echtübernahme).

Datentransformation

Führen Sie folgende Tätigkeiten durch:

- Legen Sie Filterregeln fest.
- Stellen Sie Validierungskriterien auf.
- Erstellen Sie Mappingregeln.
- Legen Sie Übernahmeregeln fest.
- Dokumentieren Sie Abstammung und Rückverfolgbarkeit.

Daten laden

Es ist so weit, die Übernahme der Daten ins Zielsystem wird gestartet:

- Laden Sie die Daten ins Zielsystem.
- Generieren Sie die entsprechenden Datensätze im Zielsystem.
- Bearbeiten Sie die aufgetretenen Fehler.
- Lassen Sie die Verantwortlichen eine Buchungskontrolle durchführen.

Datenqualität sicherstellen

Nun sind noch Nacharbeiten nötig:

- Eruieren und bewerten Sie die Datenqualität.
- Überlegen Sie, ob Prozess- oder Ablaufänderungen zu berücksichtigen sind.
- Berücksichtigen Sie das Datenwachstum im neuen System.

- Stellen Sie fest, ob es BI-/BW-Analyseanforderungen gibt.
- Übergeben Sie die Daten an die neuen Verantwortlichen *(Data Governance)*.

Wie in *agilen Projektablaufmethoden* üblich, müssen Sie auch hier im Fehler- oder Nachbearbeitungsfall Schleifen (Loops) vorsehen, die auf bestimmten Stationen aufsetzten und Abläufe wiederholen, bis alle Fehler behoben sind.

5.6 SAP S/4HANA-Innovationen

Mit der Entwicklungs- und Integrationsplattform SAP HANA wurde ein neues Datenmodell geschaffen, das als Grundlage für die ERP-Softwarelösung S/4HANA dient und Innovationen im Bereich der Geschäftsprozesse ermöglicht.

SAP Simple Finance wurde mit dem ersten S/4HANA-Release ausgeliefert und deckt die Funktionalitäten im Bereich Accounting ab. Es folgte das Cash-Management.

Ende 2015 wurde SAP Simple Logistics als zweite SAP S/4HANA-Innovation gestartet. Allerdings wird dafür in der vollintegrierten SAP-Systemlandschaft ein laufendes SAP Simple Finance vorausgesetzt.

Im Logistikbereich werden verschiedene Module sukzessive auf das neue Datenmodell umgestellt. Andere, wie z. B. LE-WM, werden nicht mehr unterstützt.

Das Besondere an S/4HANA ist die Möglichkeit, die meisten alten SAP ERP-Prozesse und -Transaktionen in der neuen Umgebung mit dem aktuellen Datenmodell laufen zu lassen. Dann lassen sich zwar nicht alle Business-Prozess-Innovationen nutzen. Dafür ist eine schrittweise Adaption möglich. Die Mitarbeiter werden so gezielt und stressfrei allmählich für die Anforderungen des neuen Systems trainiert.

☛ Mit StRM von den neuen Prozessen profitieren

Für StRM sind unter S/4HANA zwar keine neuen Entwicklungen mehr vorgesehen. Indirekt profitieren Sie aber auch dort von den integrierten Prozessen im Logistikbereich. Im Kapitel 7 beschreibe ich Beispiele hierfür.

5.7 Gründung des »digitalen Kerns«

Mit Einführung der SAP HANA-Plattform und des neuen Datenmodells wurde die Grundlage für einen »digitalen Kern« (Digital Core) geschaffen, das Herz des durchgängig digitalisierten Unternehmens. Die Anwendungen in SAP S/4HANA sind die logische Grundlage für zukünftige Innovationen.

Der *Digital Core* umfasst Technologien der »Next Generation« wie *Advanced Analytics, IoT (Internet of Things), KI (künstliche Intelligenz)* und *maschinelles Lernen*, die aber nicht prinzipiell auf einer herkömmlichen IT-Infrastruktur laufen müssen. Häufig sind solche Anwendungen in einer *Cloud* angesiedelt, die flexible, skalierbare Plattformen anbietet.

Der Digital Core ist der Schlüssel, damit Unternehmen Initiativen zur digitalen Transformation umsetzen, ihre Geschäftsprozesse verbessern oder neue Geschäftsmodelle entwickeln können. Beispielsweise ermöglicht er schnellere und bessere Einblicke in das Kundenverhalten und erleichtert eine ereignisgesteuerte Entscheidungsfindung. Vor diesem Hintergrund handelt es sich weniger um ein SAP-Produkt als vielmehr um ein IT-Konzept, mit dem ein Unternehmen in höchstmöglichem Maß agil, flexibel und reaktionsschnell ist.

Anwendungen unter SAP S/4HANA greifen in dieser Umgebung auf alle Daten in Echtzeit zu und verarbeiten diese. Alle Anwendungen sind miteinander vernetzt. Erst so können Daten in globalen Unternehmen in Echtzeit genutzt werden. Das gilt sowohl für das *Frontend*, wo die Anwendungen ablaufen, als auch für das *Backend*, die Server und andere IT-Infrastruktur.

6 Migration von S/4HANA StRM auf EWM

Stock Room Management (StRM) ist aus den schon im Kapitel 1 beschriebenen Gründen keine Dauerlösung. Sie werden sich mittelfristig wohl für eine Umstellung von StRM auf SAP EWM (SAP Extended Warehouse Management) entscheiden müssen. Das funktioniert leider nicht mit der relativ einfachen Brownfield-Methode, da sich das Datenmodell und die Prozesse grundlegend geändert haben.

Sie lernen in diesem Kapitel Verfahren, Methoden und Tools für die Migration kennen.

Wenn Sie den Entschluss fassen, StRM auf SAP EWM zu migrieren, stehen Ihnen zwei gängige Migrationsoptionen zur Verfügung:

- *Greenfield-Methode*
- Unterstützung durch *Migrationstools*

6.1 Greenfield-Methode

Unter einer Greenfield-Implementierung versteht man eine Neuimplementierung für einen Neukunden oder einen Bestandskunden.

Da Einstellungen und Prozesse bei dieser Methode komplett neu aufgesetzt werden, haben Sie den Vorteil, wieder zu den Standard-SAP-Funktionalitäten zurückkehren zu können.

Beachten Sie jedoch: Greenfield-Implementierungen sind in der Regel teuer, sie erfordern Projektarbeiten wie Workshops, Design, Konfiguration und Testläufe. All das ist für die Einführung neuer Prozesse notwendig.

6.2 Migrationstools

Mit jedem Release bietet SAP neue angepasste Tools an, mit denen Sie StRM in das Embedded EWM migrieren können. Diese Tools unterstützen Sie dabei, Konfiguration und Stamm-/Bewegungsdaten ins neue System zu bringen.

Standardmäßig stehen im SAP S/4HANA zwei Arten von Migrationstools zur Verfügung:

- im Einführungsleitfaden
- im SAP Easy Access

6.2.1 Einführungsleitfaden

Im Einführungsleitfaden SPRO • SCM Extended Warehouse Management • Extended Warehouse Management • Schnittstellen • Migration aus LE-WM können Sie folgende Einstellungen und Aktivitäten für die Migration durchführen (Abbildung 6.1):

- Organisationsstrukturen im Lager einrichten
- Destinationen logischer Systeme zuordnen
- Lagerlayouteinstellungen migrieren
- Prozessübergreifende Einstellungen migrieren
- Ein- und Auslagerungsstrategien migrieren

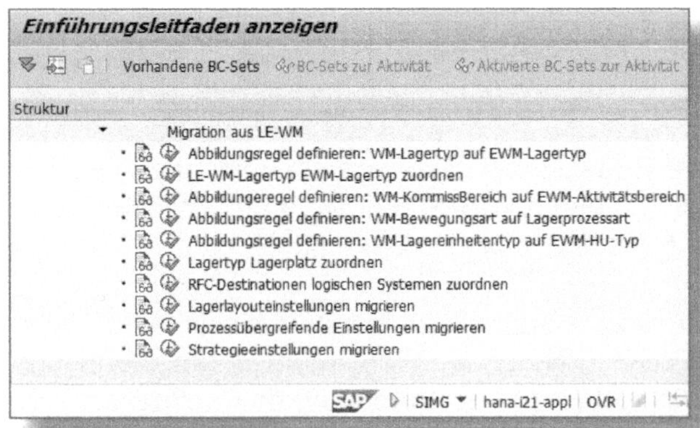

Abbildung 6.1: Migration über den Einführungsleitfaden

6.2.2 Migration aus LE-WM

Im SAP MENÜ • LOGISTIK • SCM EXTENDED WAREHOUSE MANAGEMENT • EXTENDED WAREHOUSE MANAGEMENT • SCHNITTSTELLEN • MIGRATION AUS LE-WM finden Sie die möglichen Funktionen (Abbildung 6.2).

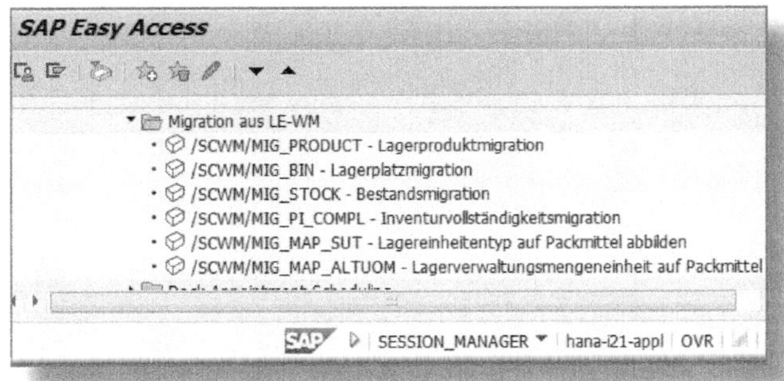

Abbildung 6.2: Migration über SAP Easy Access

Folgende Funktionen (Transaktionen) stehen Ihnen zur Verfügung:

- LAGERPRODUKTMIGRATION (Materialstamm) – Die EWM-Terminologie für Produkt enthält Daten aus Materialstamm, Fixplatzzuordnung, Palettierungsdaten und LV-Mengeneinheiten. Dieses Tool unterstützt Sie, all das in ein EWM-kompatibles Format zu bringen.
- LAGERPLATZMIGRATION: Lagerplatz- und Lagerplatzsortierdaten (Kriterien zum Auffinden der Produkte) werden als Nächstes heruntergeladen, konvertiert und hochgeladen. Auch hier sind Datenaufbau und Logiken von StRM (sowie LE-WM) und EWM oft grundlegend verschieden.
- BESTANDSMIGRATION: Sie selektieren die Lagerbestände nach Werk und Lagernummer, optional können Sie noch nach Lagerort, Lagertyp und Lagerplatz auswählen. Die Ladedateien fassen Sie am besten nach örtlichen Gegebenheiten oder personellen Verfügbarkeiten zusammen, um einen reibungslosen Ablauf zu gewährleisten.

- Inventurvollständigkeitsmigration: Hier laden Sie die aktuellen Inventurvollständigkeitsdaten des laufenden Jahres ins EWM hoch.
- Lagereinheitentyp auf Packmittel abbilden: Die hier verarbeiteten Daten aus dem Lagereinheitentyp im StRM benötigt EWM für die Zusammenstellung seiner Packmittelspezifikationen.
- Lagerverwaltungsmengeneinheit auf Packmittel abbilden: Diese Transaktion ergänzt aus den Mengeneinheiten im StRM die Packmittelspezifikationen im EWM.

SAP-Dokumentation zur Migration

Nähere Informationen und das Datenmodell zur Migration finden Sie in der SAP-Hilfe unter »*Migration aus LE-WM*«.

7 Fiori – Beispiele

In diesem Kapitel werden Fiori-Apps in den Grundzügen beschrieben und im Kontext integrierter Prozesse im Logistik-Umfeld vorgestellt. So bekommen Sie ein Gefühl, wie auf diesen Apps basierende Bildschirme aussehen. Für SAP WM und StRM selbst wurden von der SAP keine eigenen Fiori-Apps entwickelt, Sie können lediglich vor- und nachgelagerte Prozessabläufe damit bedienen.

Ein zusammenhängender Wareneingangsprozess, analog zum Beispiel in Abschnitt 2.2.2, könnte folgendermaßen aufgebaut sein:

- Sie nutzen die Fiori-App »Anlieferung anlegen«, siehe Abschnitt 7.1.
- Mithilfe von Fiori »Wareneingang für Anlieferung buchen«, siehe Abschnitt 7.3, wird im Hintergrund bereits ein Transportauftrag angelegt.
- Der Lagermitarbeiter stellt die Ware entsprechend im Lager ab und quittiert den TA mit StRM-Transaktion *LT12* (beispielhaft).

Die Optik der Fiori-Apps ist dem neuen Medium webbasierter Informationstechnologie entsprechend aufgebaut bzw. angepasst, aber ihre Herkunft von den gewohnten ERP-Transaktionen ist i. d. R. noch zu erkennen. Die grafische Oberfläche und die gesamte Art, mit ihnen zu arbeiten, werden für altgediente SAP-GUI-Nutzer am Anfang sicher eine Herausforderung darstellen. Spezielle Trainings für die Umstellung sind daher anzuraten.

7.1 Anlieferung anlegen

Die **Anlieferung** gehört zum Wareneingangsprozess. Je nach Definition im Materialstamm ist die Lagerverwaltung miteinbezogen.

Der Prozess könnte folgendermaßen ablaufen: Ein Lkw kommt mit der Ware zur Warenannahme, und der Fahrer meldet sich mit dem Lieferschein im Büro. Die Anlieferung wird vom Verantwortlichen angelegt. Damit startet der Wareneingangsprozess.

Der Vorgang wird durch die Fiori-App »Anlieferung anlegen« unterstützt (Abbildung 7.1).

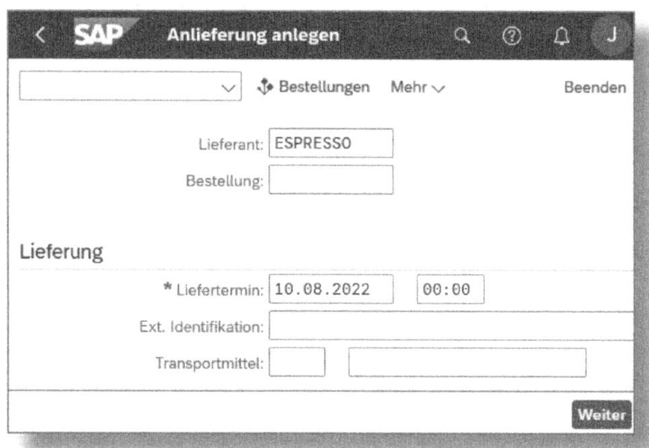

Abbildung 7.1: Anlieferung anlegen – Einstieg

Geben Sie den LIEFERANTEN und LIEFERTERMIN (Tagesdatum ist vorgegeben) ein, die anderen Eingabefelder sind optional.

Mit dem Button WEITER gelangen Sie zur Übersicht der Anlage, siehe Abbildung 7.2.

Leichtes Spiel haben Sie auch bei allen weiteren Schritten, jedenfalls wenn der Vorlagebeleg, in diesem Fall die Bestellung, ordentlich gepflegt ist. Sie müssen lediglich ggf. Abweichungen eingeben, z. B. eine Mengenkorrektur.

Folgende Elemente sind hier von Bedeutung:

❶ Registerzeile: Die POSITIONSÜBERSICHT ist aufgeklappt zu sehen, dazu gibt es weitere Register für TRANSPORT, ENTLADEN, EINLAGERUNG, STATUSÜBERSICHT und WARENBEWEGUNGSDATEN. Im nächsten Abschnitt 7.2 sehen Sie noch andere Details.

Abbildung 7.2: Anlieferung anlegen – Übersicht

❷ Positionszeile (Auszug kann individuell angepasst werden):

- Material *ET0001* ist der Schlüssel für die Materialnummer im Materialstamm.
- Unter Liefermenge sehen Sie, wie viel tatsächlich gemäß Status angeliefert wurde.
- Die Mengeneinheit (ME) *ST* (Stück) weicht möglicherweise von der Lager- oder Versandmengeneinheit ab.
- Die Positionsbezeichnung aus dem Materialstamm wird angezeigt.
- Positionstyp (Ptyp) *ELN* bedeutet: Es handelt sich um ein *Lieferavis*.
- Unter Einlagerstatus (Ein) steht *A* für »nicht bearbeitet«.
- Bei der Lagerverwaltungsaktivität (LV) bedeutet ein leeres Feld »nicht relevant«, *A* »nicht bearbeitet«, *B* »teilweise bearbeitet«, *C* »vollständig bearbeitet«.

- Unter ORIG. LIEFERM. finden Sie die originale Liefermenge der Anlieferung.
- VORLAGEBELEG ist in diesem Fall die Bestellung *4500004135* und Belegposition VBEP *10*.
- WERK ist *ET11*.
- LAGERORT ist *0100*.

7.2 Anlieferung ändern

Mit der Fiori-App »Anlieferung ändern« werden Sie i. d. R. Daten nachpflegen, die nicht automatisch übernommen wurden. Sie können in den verschiedenen Registern die Anlieferung spezifisch betrachten und überwachen, z. B. mittels der STATUSÜBERSICHT (Abbildung 7.3).

Abbildung 7.3: Anlieferung ändern

❶ Klicken Sie auf den Button »Unvollständigkeit« und bearbeiten Sie eventuelle Unvollständigkeiten/Fehlermeldungen.

❷ Sie können direkt von dieser App den WARENEINGANG BUCHEN – oder Sie verwenden die App »Wareneingang für Anlieferung buchen«, siehe nächsten Abschnitt 7.3.

❸ In der Zeile GESAMTSTATUS – LIEFERUNG sehen Sie die Einzelposten:

- GSK – Gesamtstatus Einlagerung
- PS – Packstatus
- WM – WM-Aktivität
- Q – Quittierung
- WS – Warenbewegungsstatus
- FS – Lieferbezogener Fakturierungsstatus
- STATUS IV – Status interne Verrechnung
- TS – Transportplan Status
- GSKR – Gesamtstatus der Kreditprüfungen
- LEB-STATUS – Lieferempfangsbestätigungsstatus
- Anlieferung ist im Status IM WERK
- Lieferungsbezogene Aufmachungsänderung (LBA) – - relevant für Auslieferung

Dabei bedeutet:

- (leeres Feld) – nicht relevant (weiß)
- *A* (rot) – nicht bearbeitet
- *B* (gelb) – teilweise bearbeitet
- *C* (grün) – vollständig bearbeitet

❹ Beim STATUS DER LIEFERUNGSPOSITIONEN erfolgt die Anzeige analog zum Gesamtstatus.

7.3 Wareneingang für Anlieferung buchen

Das ist die spezielle App für die Wareneingangsbuchung mit dem Vorlagebeleg der Anlieferung (Abbildung 7.4).

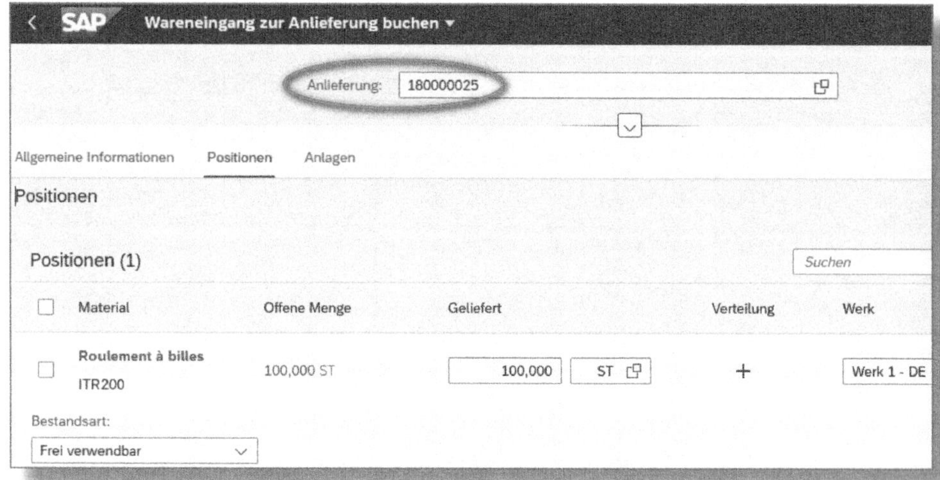

Abbildung 7.4: Wareneingang zur Anlieferung buchen

ALLGEMEINE INFORMATIONEN, POSITIONSDATEN und auch ANLAGEN (PDF, Word usw.) können im Detail nachbearbeitet werden.

Auch hier gilt: Je besser der Vorlagebeleg gepflegt ist, desto weniger Eingaben und Fehlermeldungen haben Sie nachträglich zu bearbeiten.

7.4 Auslieferung verwalten

Mit dieser Fiori-App können Sie Auslieferungen filtern, anzeigen und bearbeiten. Außerdem ist es möglich, abhängig vom Warenausgangsstatus, einen Warenausgang für die gewünschte Lieferung zu buchen.

Nach dem Start filtern Sie die zu bearbeitenden Lieferungen nach den folgenden Kriterien:

- Versandstelle

- Kommissionierdatum
- Warenempfänger
- Geplantes Warenausgangsdatum
- Gesamtstatus
- usw.

Nach dem Klick auf die entsprechende AUSLIEFERUNG gelangen Sie zum Reiter ALLGEMEINE INFORMATIONEN (Abbildung 7.5).

Abbildung 7.5: Auslieferung – Allgemeine Informationen

❶ Das Register mit den Detaildaten BELEGDATUM, KOMMISSIONIERDATUM, TRANSPORTPLANUNGSDATUM, LADEDATUM, GEPLANTES DATUM DER WARENBEWEGUNG, KOMMISSIONIERSTATUS usw. ist aufgeklappt.

Im nächsten Reiter (❷ in Abbildung 7.6) sehen Sie die auszuliefernden Positionen.

Abbildung 7.6: Auslieferung – Positionen

Hier können Sie Positionsdaten bearbeiten und je nach Bedarf in Detaildaten verzweigen. Nach dem Reiter GESCHÄFTSPARTNER folgt eine grafische Darstellung des PROZESSABLAUFS (❸ in Abbildung 7.7).

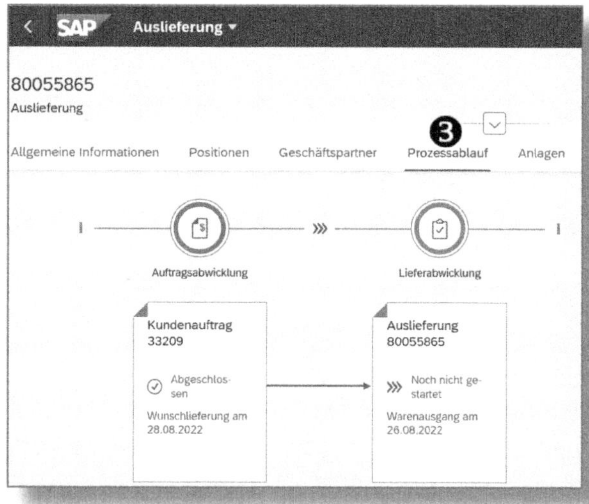

Abbildung 7.7: Auslieferung – Prozessablauf

Hier sehen Sie den Belegfluss der Auslieferung mit einigen wichtigen Schlüsseldaten und haben die Möglichkeit, mit einem Klick einzelne Belege aufzurufen.

7.5 Anzeigen Materialbeleg

Diese Anzeige des Materialbeleges ist die Transaktion *MIGO* aus dem SAP ERP, die auf Basis des grafischen User-Interfaces SAPUI5 ins S/4HANA übernommen worden ist. Die alte Oberfläche wurde optisch der neuen Systemumgebung von S/4 angepasst (Abbildung 7.8).

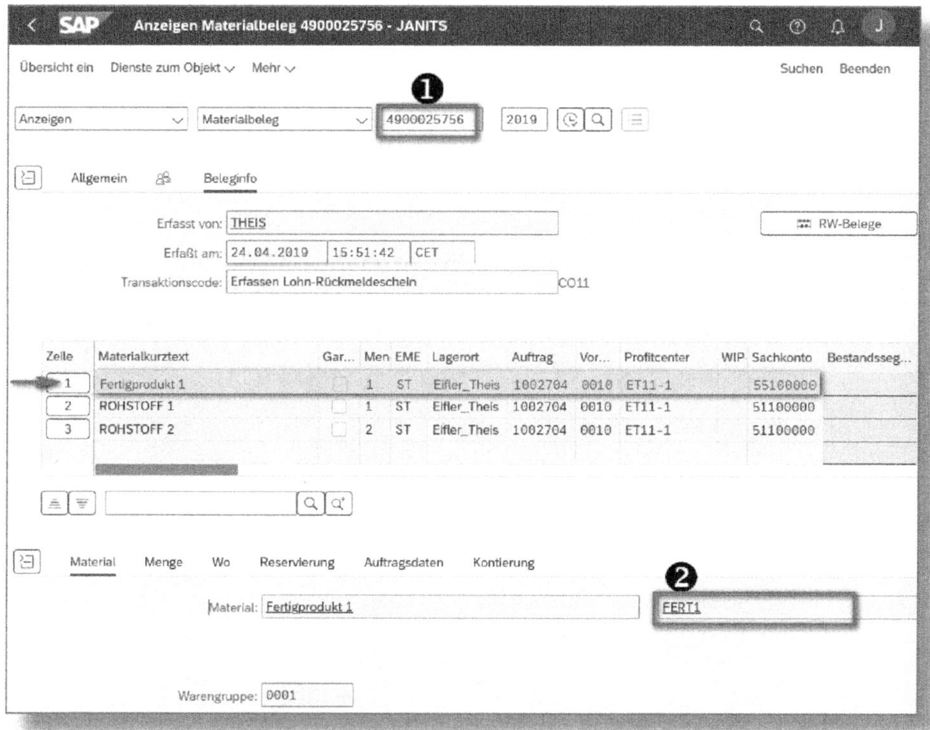

Abbildung 7.8: Anzeigen Materialbeleg

❶ MATERIALBELEG: Der Einzelbeleg wird in gewohnter Form wie im SAP ERP angezeigt.

❷ Beispielhaft sehen Sie hier die Daten des Registers MATERIAL.

Im folgenden Abschnitt 7.6 können Sie ersehen, wie die neue Fiori-App optisch aussieht und vom Ablauf her mit den Innovationen von S/4 versehen ist.

7.6 Übersicht Materialbelege

Beim Einstieg in die Fiori-App »Materialbelegübersicht« haben Sie viele Auswahlmöglichkeiten (Abbildung 7.9). Zusätzliche Filter können noch angepasst werden, hier die wichtigsten:

- BESTANDSÄNDERUNG (Abnahme, Erhöhung, Umbuchung)
- WERK und LAGERORT
- BESTANDSART (frei verwendbarer Bestand, Bestand in Qualitätsprüfung, Retoure, Umlagerung, Transitbestand, gesperrter Bestand)
- MATERIALBELEG (mit komfortabler Suchfunktion)
- MATERIALBELEGJAHR

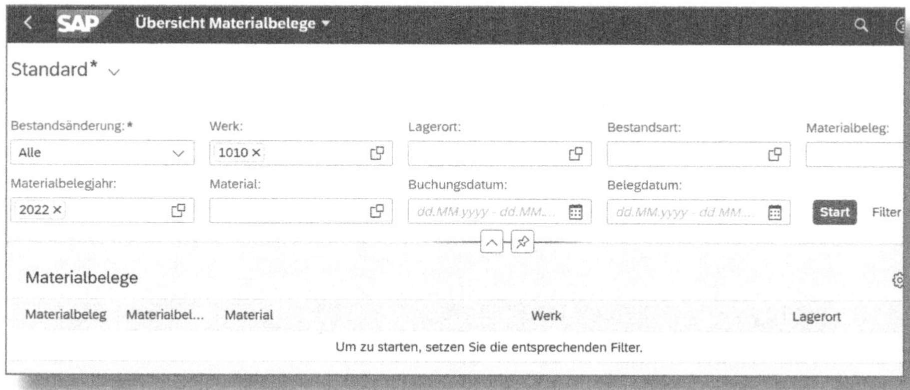

Abbildung 7.9: Übersicht Materialbelege

Das gefilterte Ergebnis mit den Materialbelegen zeigt Abbildung 7.10.

In Abbildung 7.11 sehen Sie die Materialbeleganzeige selbst, und zwar die ALLGEMEINEN INFORMATIONEN.

Übersicht Materialbelege

Standard*

Gefiltert nach (4): Bestandsänderung, Werk, Materialbelegjahr, Buchungsdatum

Materialbelege (89)

Materialbeleg	Material	Werk	Lagerort	Buchungsdat...	Bestandsart
4900027386	Melone Tee (531)	Werk 1 - DE (1010)	Std. storage 1 (101A)	25.03.2022	Frei verwendbarer Best
4900027387	Melone Tee (531)	Werk 1 - DE (1010)	Std. storage 1 (101A)	25.03.2022	Frei verwendbarer Best
4900027387	Melone Tee (531)	Werk 1 - DE (1010)	Std. storage 1 (101A)	25.03.2022	Frei verwendbarer Best
4900027388	Melone Tee (531)	Werk 1 - DE (1010)	Std. storage 1 (101A)	25.03.2022	Frei verwendbarer Best
4900027389	Melone Tee (531)	Werk 1 - DE (1010)	Std. storage 1 (101A)	25.03.2022	Frei verwendbarer Best
4900027389	Melone Tee (531)	Werk 1 - DE (1010)	Std. storage 1 (101A)	25.03.2022	Frei verwendbarer Best
4900027390	Melone Tee (531)	Werk 1 - DE (1010)	Std. storage 1 (101A)	25.03.2022	Frei verwendbarer Best
4900027391	Melone Tee (531)	Werk 1 - DE (1010)	Std. storage 1 (101A)	25.03.2022	Frei verwendbarer Best
4900027391	Melone Tee (531)	Werk 1 - DE (1010)	Std. storage 1 (101A)	25.03.2022	Frei verwendbarer Best
5000004620	Rohstoff1 (ET0002)	Theis Eifler (ET11)		14.03.2022	nicht bestandsrelevant

Abbildung 7.10: Übersicht Materialbelege gefiltert

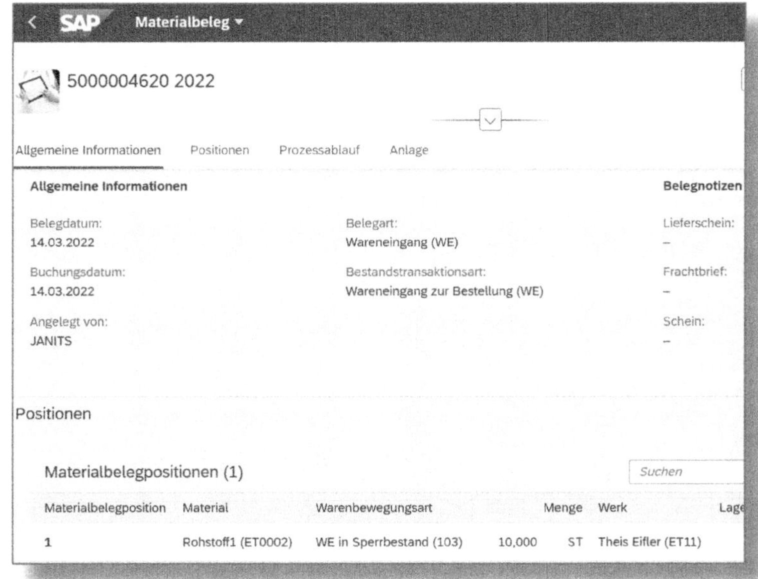

Abbildung 7.11: Materialbeleg Allgemeine Informationen

Die ganz besondere S/4-Innovation ist in der Abbildung 7.12 zu finden: der grafische PROZESSABLAUF.

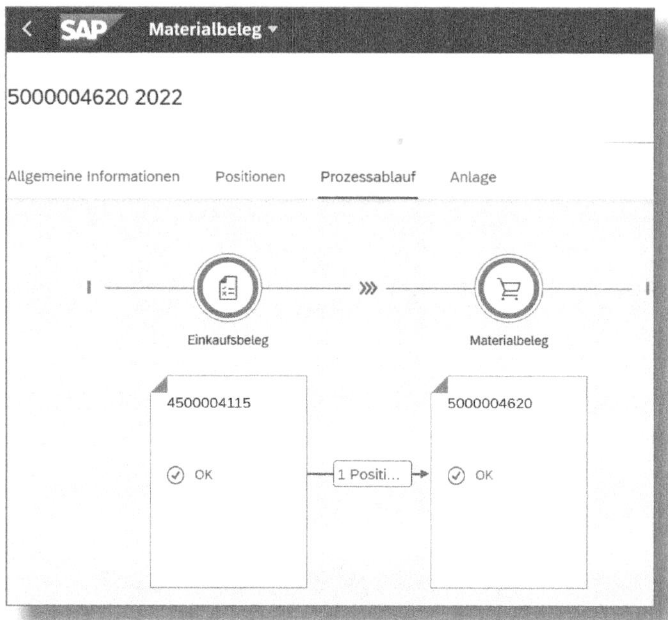

Abbildung 7.12: Materialbeleg Prozessablauf

Mit einem Klick auf den jeweiligen Beleg haben Sie unter anderem folgende Auswahlmöglichkeit:

- Belegfluss anzeigen
- Bestandskorrektur anlegen
- Differenzen WA/WE anzeigen – Umlagerungen
- Materialbelege ausgeben
- Materialbelegliste (mit Leergut)
- Materialbelegliste anzeigen
- Prozessablauf anzeigen – Kreditorenbuchhaltung

- Umlagerung anlegen
- Warenbewegungen auflisten
- Warenbewegungsanalyse

Ich finde, das ist ein sehr gutes Beispiel, welche Vorteile die Fiori-App-Technologie mit sich bringt.

7.7 Batch Information Cockpit

Das *Batch Information Cockpit (BIC)* bildet eine zentrale Schaltstelle mit umfangreichen Analyse- und Steuerungsmöglichkeiten für die Bearbeitung von Chargen.

Sehen Sie einen beispielhaften Fiori-Bildschirm in der Abbildung 7.13.

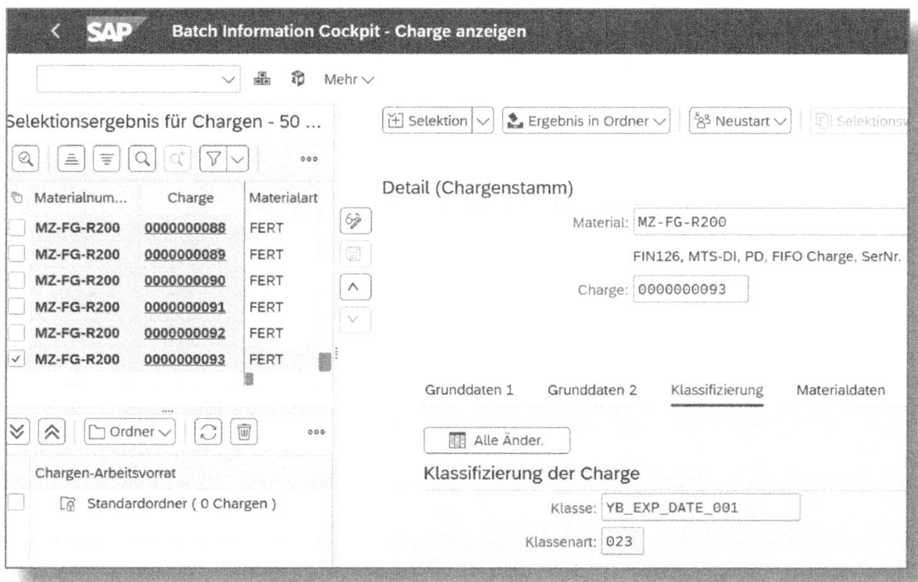

Abbildung 7.13: Batch Information Cockpit

Mit dem BIC erhalten Sie wichtige Informationen und können offene Fragen klären:

- Welche Eigenschaften weisen Chargen auf?
- Welches Verfallsdatum haben Chargen, und wie lange dauert es noch bis dahin?
- Welche frei verwendbaren Chargenbestände sind wo verfügbar?
- Von wem werden Chargenbestände verwaltet?
- Werden Bestände mit Alternativmengeneinheiten verwendet?

8 Zusammenfassung

In diesem Tutorial haben Sie das Lagerverwaltungssystem S/4HANA StRM im Vergleich zu SAP ERP WM kennengelernt. Zudem wurden Einsatzmöglichkeiten beschrieben und Alternativen aufgezeigt.

Die wichtigsten Voraussetzungen, um die Lagerraumverwaltung (StRM) von SAP zu nutzen, sind:

- Es muss ein S/4HANA System ab Release-Stand 1909 zur Verfügung stehen.
- Der Rahmen der Anforderungen darf über bestimmte Kernprozesse, wie sie vom SAP ERP WM übernommen wurden, nicht hinausgehen:
  - Grundlagen der Lagerplatzverwaltung
  - Eingangsprozesse
  - Ausgangsprozesse
  - Verwendung mobiler Geräte
  - Interne Lagerbewegungen
  - Inventurabläufe
  - Formulare und Berichte

Die SAP-Roadmap zeigt, wie es mit der Entwicklung der Lagerverwaltungssysteme in den nächsten Jahren weitergehen wird. SAP WM läuft 2027 aus und wurde bereits jetzt als Stock Room Management (StRM) ins S/4HANA integriert.

Damit Sie die richtigen Entscheidungen treffen können, sind in diesem Buch die Anforderungen aller wichtigen Prozesse beschrieben. Ebenso dient es als Grundlage und zur Vorbereitung für Diskussionen, falls es in Ihrem Unternehmen zukünftig einen Bedarf von Zusatzentwicklungen geben sollte. SAP EWM (Extended Warehouse Management) gilt für die SAP als strategische Lösung für die Zukunft, die alle neuen Anforderungen berücksichtigt.

Dieses weitreichende Thema habe ich in diesem Buch unter dem Aspekt behandelt, inwieweit StRM ein vollwertiger Ersatz für SAP ERP WM sein kann. Im Abschnitt 3.3 habe ich Ihnen Vergleiche von StRM mit EWM vorgestellt und im Kapitel 6 sind Migrationsthemen im Zusammenhang mit EWM erläutert.

Die im Buch beschriebenen Beispiele und Prozesse sind im Wesentlichen branchenübergreifend, einzelne Beispiele können jedoch auch als typisch für bestimmte Industriezweige angesehen werden.

Sie haben das Buch gelesen und sind mit unserem Werk zufrieden? Bitte schreiben Sie uns eine Rezension!

Unser Newsletter

Bleiben Sie stets informiert!

Aktuelle Neuerscheinungen und exklusive Rabattaktionen einmal im Monat per Mail direkt an Sie:

Melden Sie sich noch heute an unter *http://newsletter.espresso-tutorials.de*.

A Der Autor

Erwin Janits war 23 Jahre in einem globalen Beratungsunternehmen in Projekten rund um die Welt tätig. Sein Schwerpunkt waren Analyse, Design und Umsetzung von Geschäftsprozessen in den Bereichen Beschaffung, Intralogistik, Lagerwirtschaft sowie Lieferketten. Die systemische Abbildung basierte vornehmlich auf der Unternehmenssoftware von SAP sowie deren Anbindungen nach Bedarf.

Der Autor konnte mit seiner langjährigen Erfahrung und methodischen Vorgehensweise Lagerorganisationen in verschiedenen Branchen wie Automobil, Telekom, Konsumgüter, Rohstoffe, Metall und Elektronik bedarfsgerecht strukturieren und einrichten, sodass die Lieferketten für den Eigenbedarf, den lokalen sowie den internationalen Warenverkehr effizient bedient werden konnten.

Erwin Janits begann seine berufliche Laufbahn nach einer IT-Fachausbildung und hat sein Wissen über mehr als vier Jahrzehnte stetig auf dem neuesten Stand gehalten und erweitert.

B Index

A

ABC-Verfahren 110
Advanced Embedded EWM 15
aktive Kapazitätsprüfung 46
Anbruch 64
Auslagersperre 101
Auslagertypkennzeichen 30, 60
Auslagerungsstrategie
  Findung 58
  Steuerung 61
  Zuordnung 62
Auslieferungsmonitor 57
Ausschluss strenges FIFO 63
Auswertungen 114, 118

B

Barcode 125
Basic Embedded EWM 15, 136
Basismengeneinheit 30
Batch Information Cockpit (BIC) 165
Batch-Input-Mappe 102
Belege 114
Bestandsbewegung von der WE-Zone 94
Bestandsführung (MM-IM) 19, 22
Bestandsqualifikation 39, 60
Bewegungssonderkennzeichen 31
Blocklager 45
Brownfield 144

C

Compliance Check 14, 133
Cross-Docking
  einstufiges und zweistufiges 131
  geplantes 130
  LE-WM-CD 130
  opportunistisches 131

D

Data Browser 120
  Fiori Query Browser 121
Dezentrale Lagerverwaltung (LE-WM-DWM) 131
Digital Core 148
dynamische Quantennummer 50
dynamische Referenznummer 51, 55

E

EHP (Enhancement Package) 143
Einlagern mit Lagereinheitentyp 49
Einlagersperre 101
Einlagertypkennzeichen 30, 39
Einlagerungsstrategie
  dynamische Quantnummer 51
  Findung 38
  Lagereinheitentyp 49
  Platzaufteilung 50
  Steuerung 42
  Zuordnungen 44

EWM (Extended Warehouse Management) 11, 13, 15

F

Festlagerplatz 45, 70
FIFO (First In – First Out) 62
Freilager 45
Function Call (tRFC) 132

G

Greenfield 149
Großmengen/Kleinmengen 65

I

Infosystem Lager 119
Inventur 99
  nicht unterstützte Inventurvarianten 114
Inventuraufnahmeliste 104
Inventurbelege 99
I-Punkt 50

K

Kapazitätsprüfmethode 46
Keine Rücklagerung 72
Kommissionierbeleg 54
Kommissionierbereich 25
Kommissionierplatz Nähe 48
Kommissionierung im TRM 128
Kommissionierwellen 131

L

Ladehilfsmittelmenge 31
Lagerbereich 24
  definieren 24
  Einlagerungsstrategien 24
Lagerbereich 1. Wahl 41
Lagerbereich 2. Wahl 41
Lagerbereichkennzeichen 41
Lagerbereichsfindung 40
  Langsamdreher 40
  Schnelldreher 40
Lagerbereichsuchreihenfolge 41
Lagereinheitentyp (LET) 49
Lagereinheitenverwaltung 65
Lagerkomplex 20
Lagerleitstand 119
Lagernummer 20
  definieren 20
  zuordnen 21
Lagerort 18
Lagerplatz 19, 26
  anlegen 27
  dynamische Koordinaten 29
  vordefinierte Koordinaten 28
Lagerplatzbestand 32
Lagerplatzfindung 60
Lagerplatztyp 25
  definieren 25
Lagerplatztypfindung 41
Lagerraumverwaltung 11
Lagersteuerrechner (WM-LSR) 132
Lagertyp 22
  definieren 23
  physische Lagertypen 22
  Schnittstellenlagertyp 22
Lagertypfindung 38, 59
Lagertypkennzeichen 39
Lagerverwaltungssystem (LVS) 18
Langsamdreher 24, 40
Lean-WM 19, 139
Lieferavis 33

Lieferungsaufteilung 56
LIFO (Last In – First Out) 64
Logistics Execution (LE) 17

M

Manipulationsmenge 65, 66
manuelle Eingabe Lagerplatz 52
Materialbereitstellung für die Produktion 97
Materialflusskontrolle 128
Materialstamm 29
  Sicht Lagerverwaltung 1 30
  Sicht Lagerverwaltung 2 31
Materialwirtschaft (MM) 17
Max. Lagerplatzmenge 32, 78
Max. Lagerungszeit 68
Migration 141
  Downtime 143
  Postprocessing 143
  Testmigration 143
  Uptime 143
Migration aus LE-WM 151
Migrationstools 150
Mindesthaltbarkeitsdatum (MHD) 67
Mindestrestlaufzeit 68
Min. Lagerplatzmenge 32, 79
Mischbelegung 51, 111
MM-IM 12, 19, 22
Mobile Geräte 121

N

Nachschub 77
  Fixlagerplatz 78
  Planung 81
Nachschubmenge 32, 79
Nachschubsteuerung 70
nächster Lagerplatz 49
negatives Quant 35
Nullbestand 107
Nullkontrolle 112

O

Organisationsstruktur 18

P

Palettierungsdaten 31
Periodenkennzeichen 69
permanente Inventur 110
  durch Auslagerung 112
  platzweises Cycle-Counting 111
  quantweises Cycle-Counting 111
  Stichtagsinventur 110

Q

Quant 37
Quereinlagerung 49
Quittierungspflicht 43

R

Release-Zeitschiene 12
Ressourcensteuerung 128
RF-Geräte 122
RF-Monitor 124
RF-Transaktion 122
Rücklagertyp 62
Rücklagerung anderer Platz 72
Rücklagerung gleicher Platz 72
Rücklagerungsverfahren 71
Rundungsmenge 32, 65, 66

S

S/4HANA 11, 147
Sales & Distributions (SD) 17
SAP ERP 6.0 142
SAP ERP WM 11, 12, 127
  SAP ECC WM 13
SAP Fiori 12, 153
  Anlieferung 153
  Auslieferung 158
  grafische Oberfläche 12
  Materialbeleg anzeigen 161
  Wareneingang 158
SAP-GUI-Transaktionen 12
SAP HANA 141, 147
SAP Simple Finance 147
SAP Simple Logistics 147
Schnelldreher 24, 40
Schnittstellenlagerplatz 28
Sonderbestandskennzeichen 40, 60
Sperren im StRM 83
Sperren nur im StRM 82
Sperren StRM und MM-IM 84
Stammdaten 26
Stichtagsinventur 100
  Beleg erzeugen 102
  Inventurdifferenzen buchen 108
  Zählung erfassen 106
Stock Room Management 11
strenges FIFO 62
StRM 11
  Entwicklungskette 14
  Reduzierte Funktionalitäten 13
StRM vs. EWM 136

T

Task & Resource Management (TRM) 128
Transaktionen für RF-Geräte 124
Transportauftrag (TA) 115
  Kopfdaten 117
  Positionsliste 118
  Quittierung 35
Transportbedarf (TB) 114

U

Umbuchen Qualitätsprüfbestand 88
Umbuchung 81, 116
  Lagerort an Lagerort 93
  logische Bewegung 116
  Material an Material 92
  Qualitätsprüfbestand 86
  Sperrbestand 82
Umbuchungsanweisung 115
Umbuchungsschnittstelle 82
Umlagerung 73, 115
  Lagerplatz nach Lagerplatz 74
  physische Bewegung 115
  Werk/Lagerort nach Werk/Lagerort 74
Unicode 141

V

Vollentnahmepflicht 72

W

Warenausgang 52
  Auslagerung 52
  mit Bezug zur Auslieferung 52

ohne Bezug zur Auslieferung 53
Sammelgang 56
Sammelgang Gruppe 58
zweistufige Kommissionierung 55
Wareneingang 32
in den Qualitätsprüfbestand 36
mit Bezug zur Anlieferung 33
ohne Bezug zur Anlieferung 32
ohne Referenzbeleg MM-IM 34
Wellenmanagement (LE-WM-TFM-CP) 131
Werk 18
Werksdaten/Lagerung 1 68
WM-Mengeneinheit 30

Z

Zulagerung von Waren 47
Zwischenlager 55

C Disclaimer

Die in diesem Werk wiedergegebenen Gebrauchsnamen, Handelsnamen, Warenbezeichnungen usw. können auch ohne besondere Kennzeichnung Marken sein und als solche den gesetzlichen Bestimmungen unterliegen. Sämtliche in diesem Werk abgedruckten Bildschirmabzüge unterliegen dem Urheberrecht der SAP SE, Dietmar-Hopp-Allee 16, 69190 Walldorf.

In dieser Publikation wird auf Produkte der SAP SE Bezug genommen. SAP, R/3, SAP NetWeaver, Duet, PartnerEdge, ByDesign, SAP BusinessObjects Explorer, StreamWork und weitere im Text erwähnte SAP-Produkte und -Dienstleistungen sowie die entsprechenden Logos sind Marken oder eingetragene Marken der SAP SE in Deutschland und anderen Ländern. Business Objects und das Business-Objects-Logo, BusinessObjects, Crystal Reports, Crystal Decisions, Web Intelligence, Xcelsius und andere im Text erwähnte Business-Objects-Produkte und -Dienstleistungen sowie die entsprechenden Logos sind Marken oder eingetragene Marken der Business Objects Software Ltd. Business Objects ist ein Unternehmen der SAP SE. Sybase und Adaptive Server, iAnywhere, Sybase 365, SQL Anywhere und weitere im Text erwähnte Sybase-Produkte und -Dienstleistungen sowie die entsprechenden Logos sind Marken oder eingetragene Marken der Sybase Inc. Sybase ist ein Unternehmen der SAP SE. Alle anderen Namen von Produkten und Dienstleistungen sind Marken der jeweiligen Firmen. Die Angaben im Text sind unverbindlich und dienen lediglich zu Informationszwecken. Produkte können länderspezifische Unterschiede aufweisen.

Der SAP-Konzern übernimmt keinerlei Haftung oder Garantie für Fehler oder Unvollständigkeiten in dieser Publikation. Der SAP-Konzern steht lediglich für SAP-Produkte und -Dienstleistungen nach der Maßgabe ein, die in der Vereinbarung über die jeweiligen Produkte und Dienstleistungen ausdrücklich geregelt ist. Aus den in dieser Publikation enthaltenen Informationen ergibt sich keine weiterführende Haftung.

Weitere Bücher von Espresso Tutorials

Robin Schneider:

Praxishandbuch SAP®-Geschäftspartner (Business Partner) – Funktionen und Integration in SAP S/4HANA®,

2., erweiterte Auflage

- Das Geschäftspartnerkonzept der SAP
- Integration des SAP-Geschäftspartners in SAP ERP und SAP S/4HANA
- Synchronisation von Geschäftspartnern und Customer Vendor Integration (CVI)
- Überblick zu Einstellungen im Customizing und in der Stammdatenpflege

http://5468.espresso-tutorials.de

Christine Kühberger:

Materialwirtschaft (MM) in SAP S/4HANA® – Deltafunktionen und Customizing

- Kernfunktionalitäten der SAP-Materialwirtschaft in S/4HANA
- Überblick: SAP Simplification List im Einkauf und in der Bestandsführung
- Einführung in das Konzept des SAP-Geschäftspartners (Business Partner)
- Step by step: die neue Ausgabesteuerung in SAP S/4HANA

http://5556.espresso-tutorials.de

Ilka Dischinger:

Lohnbearbeitung mit SAP S/4HANA® – Einkaufs- und Produktionsprozess

- Sonderbeschaffung Lohnbearbeitung mit SAP S/4HANA
- Stammdaten inkl. Dispobereich und Fertigungsversion
- Prozessbeschreibung mit Lohnbearbeitungs-Cockpit
- Tipps und Tricks auch ohne Programmierung

http://5649.espresso-tutorials.de

Ingo Licha:

Rechnungsprüfung mit SAP ERP (MM),
2. Auflage

- Methoden der SAP-Rechnungsprüfung
- Rechnungserfassung mit der Transaktion MIRO
- Rechnungssperren, Freigabe und Vorabzahlungen
- 2. Auflage erweitert um themenspezifische Videos

http://5921.espresso-tutorials.com

Ingo Licha:

Bestandsführung und Kontenfindung in SAP® ERP MM, 2. Auflage

- Umlagerung, Reservierung, Verfügbarkeitsprüfung und Retoure
- Sonderbestände, Konsignation, Pipeline- und Lohnbearbeitung
- Customizing in der Bestandsführung inklusive automatische Kontenfindung
- 2. Auflage erweitert um themenspezifische Videos

https://es-tu.de/WVx8RG

Ingo Licha:

Einkaufsorientierte Bedarfsplanung mit SAP®, 2. Auflage

- Bestellpunktdisposition, stochastische und rhythmische Disposition
- Materialstammdaten, inklusive Losgrößen und deren Berechnung
- Planung, Planverlauf, Bedarfs- bzw. Bestandslisten (MD04) und Prognosen
- 2. Auflage erweitert um themenspezifische Videos

https://es-tu.de/8YqKf5